职业教育畜牧业类专业教材

U0812758

家畜生产技术

韩雪洁　主编

中国轻工业出版社

图书在版编目（CIP）数据

家畜生产技术 / 韩雪洁主编. -- 北京 : 中国轻工业出版社，2024. 10. -- ISBN 978-7-5184-4688-9

Ⅰ. S82

中国国家版本馆 CIP 数据核字第 2024F6R594 号

责任编辑：张　靓　　责任终审：李建华　　设计制作：锋尚设计
文字编辑：王　婕　　责任校对：晋　洁　　责任监印：张京华

出版发行：中国轻工业出版社（北京鲁谷东街5号，邮编：100040）
印　　刷：艺堂印刷（天津）有限公司
经　　销：各地新华书店
版　　次：2024年10月第1版第1次印刷
开　　本：787×1092　1/16　印张：14.75
字　　数：328千字
书　　号：ISBN　978-7-5184-4688-9　定价：69.00元
邮购电话：010-85119873
发行电话：010-85119832　010-85119912
网　　址：http://www.chlip.com.cn
Email：club@chlip.com.cn
版权所有　侵权必究

如发现图书残缺请与我社邮购联系调换
231808J3X101ZBW

本书编写人员

主　编　韩雪洁（龙江县职业教育中心学校）

副主编　邹洪波（黑龙江职业学院）

参　编　孙业通（龙江县职业教育中心学校）
田　鹏（龙江县田鹏动物门诊部）
张金龙（龙江县职业教育中心学校）
周　寒（黑龙江龙江牧原有限公司）
陈传友（龙江县畜牧服务中心）

主　审　冯金成（龙江县职业教育中心学校）
杨艳茹（龙江县职业教育中心学校）

本书配套数字资源的获取与使用

本教材配套数字资源已上线超星学习通数字教材，师生可通过学习通获取本书配套的PPT课件、微课视频、在线测验等。

下载学习通，注册并登录

首页→应用中心→数字教材→搜索教材名称

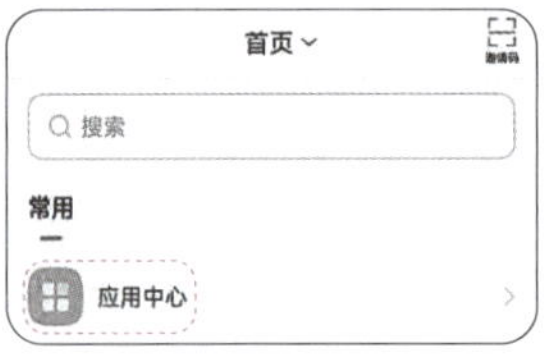

教师端

教师建课→学生扫码进班→开展混合式教学

学生端

学生学习→选择自学或加入班级

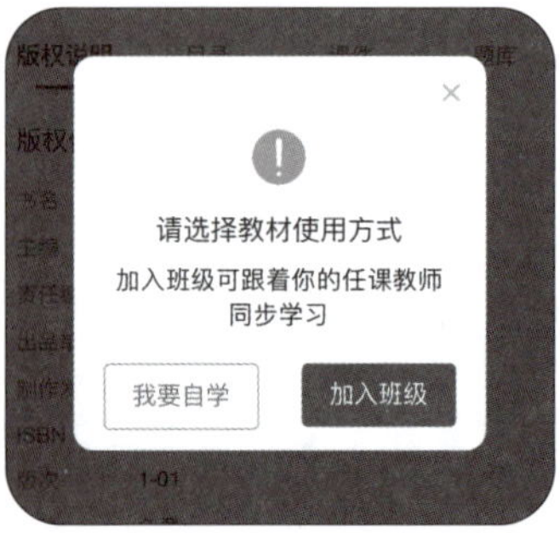

前 言

本教材以培养大家畜生产一线工作需要的高素质劳动者和中、初级专业人才为目标，以立德树人为根本任务，遵循中职学生知、情、意、行等方面特点及学习风格，以家畜生产真实的工作任务为背景，以职业能力培养为重点，由龙江县职业教育中心学校与多家企业合作，通过走访、合作与分析，明确了学习模块和各类学习任务，明确了每项学习任务要求学生具备的知识、技能和素质，明确了每项学习任务的学业评价内容与标准，旨在缩小学校学习内容与企业生产实践之间的差距，从而提高学生的职业应岗能力。

本教材由校企双元合作开发，在调研企业岗位工作流程和典型工作任务的基础上，以培养职业能力为核心，以岗位工作分析和学习条件为依据，以工作任务为导向，以校企合作为前提，构建“5W”模块化教材。即：What（什么），通过任务描述明确是什么学习任务，每项学习任务的实施环节是什么；Who（谁），所实施的任务由谁来完成，是小组完成，还是个人独立完成；Where（在哪里），在企业生产车间或学校仿真实训室或乡村振兴服务的对象以及资源链接平台；When（何时），课前准备、任务实施、规避风险、问题探究及考核过程时间的设计与安排；Why（为什么），使学习者达到所设定的知识目标、能力目标和素养目标。同时，采取“‘线上融入、教材应用’两平台、‘课前准备、任务实施、课后拓展’三段式”思政融入方式。以立德树人为根本任务，在学习过程中植入社会主义核心价值观、中华优秀传统文化、职业道德、工匠精神、劳动精神及“三农”情怀等，旨在培养合格的社会主义建设者和接班人。

本教材按企业工作岗位设置了猪生产、牛生产、羊生产3个模块，每个模块分设5～7个任务，其中，猪生产模块中的任务一至任务六由韩雪洁编写，任务七由陈传友编写；牛生产模块中的任务一至任务四由孙业通编写，任务五和任务六由邹洪波编写；羊生产模块中的任务一至任务三由张金龙编写，任务四由田鹏编写，任务五由周寒编写。

《家畜生产技术》校企双元合作开发教材可供中等职业学校、技师学院、技工学校畜牧业类专业使用；可作为养猪企业、养牛企业和养羊企业员工培训教材，还可作为乡村振兴指导参考书。

由于作者水平有限，书中难免存在一些不足，敬请读者批评指正。

目 录

模块一 猪生产

任务一 猪的品种认识与杂交利用

学习目标

知识目标

1. 熟悉我国培育的猪种名称，了解其培育特点、体形外貌及主要生产性能。
2. 熟悉我国地方猪种名称，了解其特点、体形外貌及主要生产性能。
3. 熟悉国外引入的猪种名称，了解其特点、体形外貌及主要生产性能。
4. 了解杂交利用优势，说明二元杂交和三元杂交的优势和不足。
5. 熟悉杂交繁育体系中各猪场的突出任务。

技能目标

1. 能通过体形外貌特征识别不同的猪种。
2. 能写出二元或三元杂交组合图谱。

素养目标

1. 通过学习中国养猪历史发展过程，了解养猪业在国民经济中的地位，培养职业责任感。
2. 通过我国培育猪种和地方猪种生产性能的比较，了解品种形成的过程，培养科学的探究意识和劳动精神。
3. 在猪杂交利用过程中，通过杂交组合的学习，培养创新意识和创新精神。

任务描述

选好猪的品种是重要的生产条件。本任务将对我国培育的猪种、地方猪种和国外引入的猪种进行认识，同时依据《中华人民共和国畜牧法》中的规定进行杂种利用。我们将按照如图1-1和图1-2所示的内容完成学习任务。

图1-1 “猪的品种认识与杂交利用”实施环节

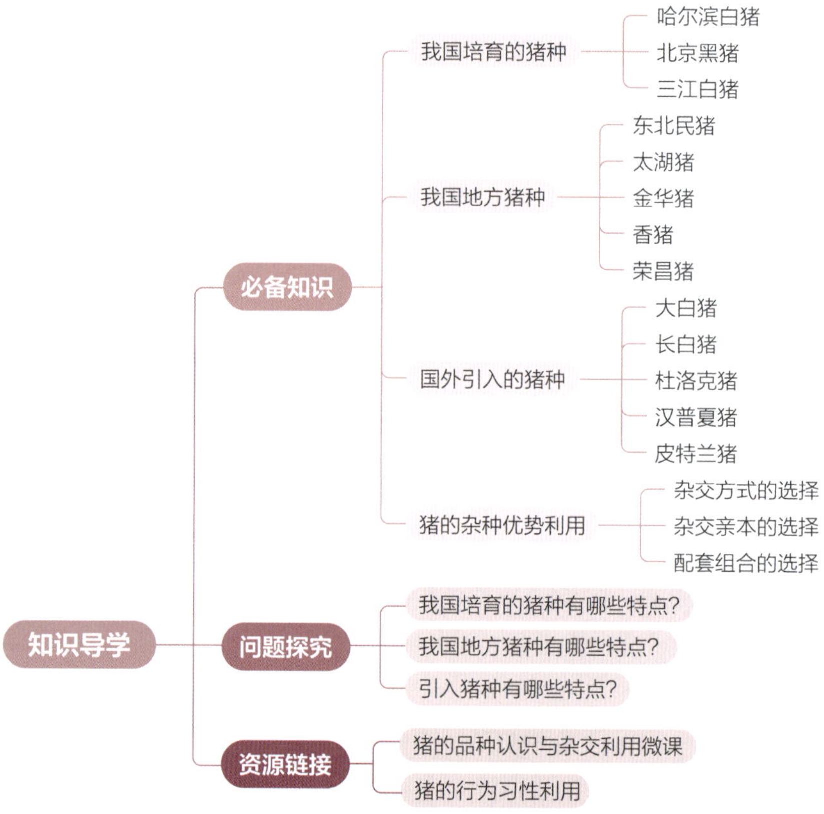

图1-2 “猪的品种认识与杂交利用”知识思维导图

■课前准备

一、学习资源准备

通过网络获取《中华人民共和国畜牧法》。

二、完成预习任务

1. 阅读学习相关资源，了解获得杂种优势的规律。

2. 查阅猪的品种类型。

获得杂种优势的规律　猪的品种类型

三、完成课前讨论

1. 完成《学情分析表》(附录一)。
2. 在线提出预习中存在的问题，并进行相关讨论。

知识链接

一、必备知识

(一)我国培育的猪种

1. 哈尔滨白猪

哈尔滨白猪简称哈白猪，产于黑龙江省南部和中部地区，以哈尔滨市及周围市县分布较多，是我国育成的第一个肉脂兼用型品种。

成年公猪平均体重为222.1kg，成年母猪平均体重为176.5kg。经产母猪平均产仔数11.5头，体重15~120kg，育肥期的平均日增重为587g。体重115kg屠宰时，其胴体瘦肉率约45.1%。近年来，经选育的哈尔滨白猪瘦肉系其肥育期平均日增重在650g以上，90kg屠宰胴体瘦肉率为56%~58%。

2. 北京黑猪

北京黑猪产于北京市远郊区，属于兼用型品种，是由本地黑猪与巴克夏猪、约克夏猪、苏白猪、定县猪等进行育成杂交与系统选育而成。

成年公猪平均体重为262kg，成年母猪平均体重为220kg。经产母猪平均产仔数11.52头，育肥期平均日增重650g左右，料重比3.36，胴体瘦肉率约51.5%。

3. 三江白猪

三江白猪主要产于黑龙江省东部三江平原地区，于1983年9月通过了品种鉴定，正式命名为三江白猪。

后备公猪6月龄体重80~85kg，后备母猪6月龄体重75~80kg。经产母猪平均产仔数12.4头，平均日增重620g，料重比3.5以下，胴体瘦肉率约58.5%。三江白猪具有生长快、耗料少、瘦肉多、肉质好、耐寒等优点。

(二)我国地方猪种

地方猪种是在我国复杂的生态环境条件下由劳动人民长期精心选育而形成的猪种。根据猪种的起源、性能表现、外形特征、生活环境等，可将我国地方猪种分为华北型、华中型、华南型、西南型、江海型、高原型6个类型，约46个品种。其中数量较多、分布较广或影响较大的地方猪种有东北民猪、太湖猪、金华猪、香猪、荣昌猪等。

1. 华北型猪种代表——东北民猪

东北民猪原产于东北三省，现作为宝贵基因库保存于黑龙江兰西民猪场。10月龄，肥猪鬃可达16cm，耐严寒。240日龄肥育猪体重为98～120kg，日增重495g，每增重1kg消耗混合精料4.23kg。屠宰体重99.25kg的肥猪，胴体重75kg，屠宰率75.6%，6～7肋骨的膘厚为5.14cm，胴体瘦肉率为40.29%。近年来，经过选育和改进日粮结构后饲养的民猪，瘦肉率为48.5%。成年公猪体重200kg，成年母猪体重148kg。在正常饲养管理条件下，仔猪生后3～4月龄即有发情表现，并有强烈的性欲，小母猪配种可受胎。发情周期为18～24天，持续期3～5天，多至7天。平均窝产仔数为14.7头，种公猪的利用年限较短，一般为3～4年，母猪为5～6年。

2. 江海型猪种代表——太湖猪

太湖猪产于江苏、浙江和上海交界的太湖流域，是我国乃至世界猪种中繁殖力最高、产仔数最多的品种，享有“国宝”之誉。二花脸猪、梅山猪、枫泾猪 、嘉兴黑猪等归并统称为太湖猪。体型中等，以梅山猪较大，二花脸猪、枫泾猪和嘉兴黑猪次之。太湖猪性成熟早。公猪4～5月龄时，精液品质已基本达到成年公猪的水平。母猪在一个发情期内的排卵数较多，8月龄时二花脸母猪排卵26枚，枫泾母猪排卵17枚，成年枫泾母猪排卵31枚，成年嘉兴黑母猪排卵25枚，成年梅山母猪排卵29枚。太湖猪初产仔数12头以上，产活仔数11头以上；二胎产仔数14头以上，产活仔数13头以上；三胎以上产仔数16头，产活仔数14头以上。梅山猪在体重25～90kg阶段，日增重400g；枫泾猪在体重15～75kg阶段，日增重444g。宰前体重90kg的太湖猪，屠宰率65%～70%，胴体瘦肉率较低，为38.8%～45%；宰前体重75kg的枫泾猪，胴体瘦肉率为39.9%；宰前体重74kg的嘉兴黑猪，胴体瘦肉率为45%。成年公猪体重约140kg，成年母猪体重114kg。

3. 华中型猪种代表——金华猪

金华猪产自浙江义乌、东阳和金华等市，具有性情温驯，母性好，性成熟早和产仔多等优良特性。因头颈和臀尾部为黑皮黑毛，体躯中间部位为白皮白毛，在黑白交界处有黑皮白毛的“晕带”，因此又称“两头乌”或“金华两头乌猪”。金华猪体型有大、中、小三个类型，中型的体型适中，这是目前金华猪的代表类型。

公猪100日龄即能采得精液，其质量已接近成年公猪水平；母猪110日龄、体重28kg时开始排卵。母猪初产仔数平均10.5头，成活数10.2头；3胎以上产仔数13.8头，成活数13.4头。体重17～76kg阶段，平均饲养期127天，日增重464g，体重63～76kg屠宰，屠宰率72%，胴体瘦肉率43%。成年公猪体重110kg，体长127cm；成年母猪体重97kg，体长122cm。

4. 华南型猪种代表——香猪

香猪产自贵州与广西交界处，丛江县、三都县、环江县和巴马瑶族自治县等地都有饲养，具有悠久的养殖历史，稳定的遗传基因，猪肉品质优良，属于珍贵稀有的小型猪地方品种。母猪4月龄11.08kg，6月龄体高40cm，体长60～75cm，体重20～30kg，平均日增重仅120～150g，屠宰率68%，胴体瘦肉率47%，大理石纹明显，肉质肉色良好。成年公猪和母猪的平均体重均为40kg左右。

5. 西南型猪种代表——荣昌猪

荣昌猪原产于四川荣昌与重庆一带。公猪4月龄性成熟，5～6月龄可以配种繁殖。母猪初情期为71～113天，初配以7～8月龄、体重50～60kg为宜。母猪初产仔数平均8.5头，经产母猪产仔数11.7头。荣昌猪在体重15～90kg阶段，日增重633g，屠宰适期为8月龄，体重75～90kg屠宰，胴体瘦肉率约46%。成年公猪体重87kg，成年母猪体重79kg。

（三）国外引入的猪种

对我国养猪生产影响较大的引入猪种有大白猪、长白猪、杜洛克猪、汉普夏猪和皮特兰猪等。

1. 大白猪

大白猪（Large White）原产于英国的约克郡，所以又称为大约克夏（Large Yorkshire）。大白猪分为大、中、小三个品型，目前在世界各地分布最广。大白猪体型比较大，性成熟较晚，母猪6月龄左右出现初情期，7.5～8月龄体重达100kg以上时可配种。在引入猪种中，大白猪的繁殖力较高，初产母猪产仔数10头，经产母猪产仔数12头，在良好的饲养条件下，平均日增重可达700g以上，耗料增重比3.0以下，90kg体重屠宰胴体瘦肉率在62%以上。20世纪90年代以来引入的大白猪，平均日增重可达900g，耗料增重比2.6以下。

2. 长白猪

长白猪原名兰德瑞斯（Landrace），产于丹麦，是目前世界上分布最广的瘦肉型品种之一。成年公猪体重约246kg，母猪约218kg，乳头6～7对，产仔数11～12头。在良好的条件下，肥育猪日增重850g以上，料重比2.6左右，90kg体重屠宰胴体瘦肉率在62%以上。7.5～8月龄体重达100kg以上时可配种，初产母猪产仔数9～10头，经产母猪产仔数10～11头。在良好的饲养条件下长白猪的平均日增重应在700g以上。

3. 杜洛克猪

杜洛克猪（Duroc）原产于美国东部，作为肉用型猪种之一，目前在世界上分布较广。在良好的饲养条件下，新引进的杜洛克猪，肥育猪20～90kg阶段，平均日增重可达850g以上，料重比2.6以下，胴体瘦肉率65%以上。成年公猪体重约250kg，母猪约300kg。乳头数6对左右，产仔数平均为8～9头。

4. 汉普夏猪

汉普夏猪（Hampshire）原产于美国，目前是世界著名的肉用型品种。性成熟晚，母猪繁殖性能较低，一般在6～7月龄开始发情，初产母猪产仔数7～8头，经产母猪产仔数8～9

头。成年公猪体重为315～410kg，母猪为250～340kg。肥育猪20～90kg阶段，日增重725～845g，胴体瘦肉率64%左右。各地因饲养水平不同而有所差异。

5. 皮特兰猪

皮特兰猪原产于比利时，皮特兰猪以胴体瘦肉率高而著称，90kg体重时胴体瘦肉率高达70%，但繁殖性能欠佳，产仔数平均为10～11头。

（四）猪的杂种优势利用

不同品种、品系或品群间的猪相互交配称为杂交。由杂交而产生的后代称为杂种。大多数杂种在同等条件下均比双亲平均生产力高，这就是杂种优势。充分利用杂种优势来提高母猪繁殖力和肥育猪日增重、瘦肉率、料重比及出栏率等是养猪业重要的技术手段。

1. 杂交方式的选择

商品肉猪生产中常用的杂交方式有二元杂交、二元轮回杂交、三元杂交和四元杂交等。

2. 杂交亲本的选择

（1）母本品种的选择　要选择本地数量多、适应性强的地方猪种作为母本，如哈尔滨白猪、太湖猪等。

（2）父本品种的选择　选择生长速度快、饲料利用率高、胴体品质好、性成熟早、精液品质好、能适应当地环境条件的品种作父本，比如大白猪、杜洛克猪、皮特兰猪等。三元杂交时，生产中，第一父本多选择长白猪或大白猪，第二父本多选择杜洛克猪、汉普夏猪或皮特兰猪。

3. 配套组合的选择

要获得在一定条件下的最优杂交组合，必须通过一系列复杂配合力测定试验。但配合力测定试验有技术难度大、投入成本高等问题。因此，养猪生产常参照科研机构已进行过的杂交组合筛选试验的结果，直接引入国内外已进行过配合力测定而形成的配套组合的“杂优猪”，如PIC、达兰等配套系。

二、问题探究

1. 我国培育的猪种有哪些特点？
2. 我国地方猪种有哪些特点？
3. 引入猪种有哪些特点？

三、资源链接

猪的品种认识与杂交利用微课

猪的行为习性利用

任务实施

规避风险提示

要善于利用猪的行为习性。

一、我国培育猪种的认识

配图	品种名称	识别依据
	哈尔滨白猪	全身被毛为白色，头中等大小，两耳直立，背腰平直，四肢强健，后躯较丰满，腹部稍大但不下垂
	北京黑猪	全身被毛为黑色，结构匀称，体质结实，四肢健壮，头部清秀，两耳向前上方直立或者平伸，背腰宽平，腿臀比较丰满
	三江白猪	体型近似长方形，全身被毛为白色，毛丛稍密，头轻嘴直，耳朵下垂，背腰宽平，腿臀丰满

二、我国地方猪种的认识

配图	品种名称	识别依据
	东北民猪	全身黑色，体质强健，头中等大，面直长，耳大下垂，背腰狭窄，单脊，乳头7~8对，四肢粗壮，猪鬃良好
	太湖猪	额较宽，额皱褶多而深，耳特大且软而下垂，耳尖齐或超过嘴角，形似大蒲扇。全身被毛黑色或青灰色，毛稀疏，毛丛间距离大，腹部皮肤多呈紫红色，有的猪鼻吻白色、尾尖白色

配图	品种名称	识别依据
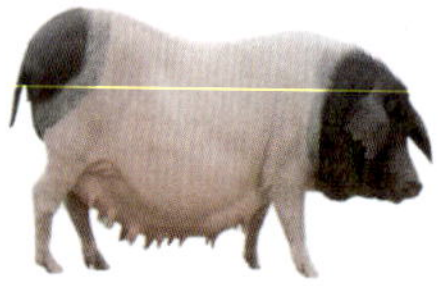	金华猪	额头有皱纹，颈粗短，背部微凹，腹大微下垂，后臀较倾斜，四肢短细。毛色以中间白、两头黑为特征，即头颈和臀尾部为黑皮黑毛
	香猪	毛色多为全黑，但亦有“六白[（拱嘴、额旋、颈肩、膝（腕）关节、尾尖、腹部）或不完全六白（白色不规则）]”的特征。体躯矮小，头较直，额部皱纹浅而小，耳小而薄，略向两侧平伸或稍下垂。背腰宽而微凹，腹大而圆，有的能触地，后躯较丰满。四肢短细，皮薄肉细
	荣昌猪	全身皮毛白色，鬃毛粗长、洁白、刚韧，头大小适中，面微凹，头部黑斑不超过耳部，耳中等大、下垂，额面皱纹横行；体躯长，毛稀，背腰微凹，腹大下垂，四肢结实，结构匀称，臀部略微倾斜，四肢细但结实

三、国外引入猪种的认识

配图	品种名称	识别依据
	大白猪	全身被毛为白色，四肢比较粗壮，耳朵大，向前或下平行伸直，面部微凹，背腰微弓，少数个体臀部有暗斑
	长白猪	全身被毛为白色，皮肤薄，骨细结实。颜面直，耳大下垂或前倾向下并覆盖颜面，颈部、肩部较轻，体侧长深，腹开张良好但不下垂，腹线平直。腿臀丰满，蹄质结实
	杜洛克猪	全身被毛颜色由金黄色到暗棕色，色泽深浅不一，蹄呈黑色。体躯较长，背腰微弓，头部较小而清秀，脸部微凹，耳朵中等大小，略向前倾，耳尖稍下垂，后躯丰满，四肢较粗壮
	汉普夏猪	全身被毛黑色，围绕前肢和肩部有一条白带，耳朵中等大小且直立，体躯较长，后躯丰满，肌肉发达
	皮特兰猪	全身大部分为白色，上有黑块，呈花斑状；头中等大小，耳大小适中、略向前倾；背腰宽大，平直，体躯短；腿臀丰满，方臀。全身的肌肉丰满，体型呈圆桶形

四、猪的杂种优势利用

（一）杂交方式的选择

1. 二元杂交

二元杂交即利用两个品种（系）进行杂交，杂种后代作为商品肉猪，其杂交模式见图1-3。

2. 二元轮回杂交

二元轮回杂交又称轮替杂交。从两品种杂交一代的母猪中选择优秀的个体，逐代分别与两亲本的纯种公猪轮流交配，其杂交模式见图1-4。

A♂ × B♀
↓
AB
（商品肉猪）

图1-3　二元杂交模式

A♂ × B♀
↓
AB♀ × A♂
↓
A（AB）
（商品肉猪）

图1-4　二元轮回杂交模式

3. 三元杂交

三元杂交即先利用两个品种（系）杂交，所得杂种母猪再与第三个品种（系）的公猪杂交，所生杂种全部用作肉猪肥育，其杂交模式见图1-5。

4. 四元杂交

四元杂交即先利用四个品种（系）两两进行杂交，然后用所得的两种不同的二元杂种公母猪再进行交配来生产商品猪，其杂交模式见图1-6。

A♂ × B♀
↓
AB♀ × C♂
↓
C（AB）
（商品肉猪）

图1-5　三元杂交模式

A♂ × B♀　　　C♂ × D♀
↓　　　　　　↓
AB♂　　×　　CD♀
↓
（AB）（CD）
（商品肉猪）

图1-6　四元杂交模式

（二）杂交亲本的选择

因母本需要的头数多，要选择猪源易解决且能在本地区推广的本地猪种、培育猪种或现有的杂种猪作母本，要选择繁殖力高、母性好、泌乳力强、体重不太重的作母本。

父本品种的选择生长速度快、饲料利用率高、胴体品质好、性成熟早、精液品质好、能适应当地环境条件的品种作父本。

学业评价

“猪的品种认识与杂交利用”学业考核评价表

专业班级： 姓名： 考核时间：

评价方式	考核内容		评分标准	配分	得分	备注
自我评价（15%）	必备知识	认识我国培育的猪种	掌握哈尔滨白猪、北京黑猪、三江白猪的产地和主要生产性能，计3分	3		通过学银在线进行自我评价
		认识我国地方猪种	掌握东北民猪、太湖猪、金华猪、香猪、荣昌猪的主要生产性能，计5分	5		
		认识国外引入的猪种	掌握大白猪、长白猪、杜洛克猪、汉普夏猪、皮特兰猪的主要生产性能，计5分	5		
		猪的杂种优势利用	掌握杂交方式和杂交亲本的选择，计1分；能说出1种杂交组合，计1分	2		
教师学业评价（50%）	任务实施	我国培育猪种的认识	通过外貌特征，能识别哈尔滨白猪、北京黑猪、三江白猪，计9分	9		按任务达成程度进行评价
		我国地方猪种的认识	通过外貌特征，能识别东北民猪、太湖猪、金华猪、香猪、荣昌猪，计15分	15		
		国外引入猪种的认识	通过外貌特征，能识别大白猪、长白猪、杜洛克猪、汉普夏猪、皮特兰猪，计15分	15		
		猪的杂种优势利用	能绘出二元杂交、三元杂交、二元轮回杂交和四元杂交组合图谱，计8分；会选择杂交亲本，计3分	11		
学生互评（35%）	学习过程考核	课前	参加学习资源准备，计5分；完成预习任务，计5分；参与课前讨论，计5分	15		组内互评
		课中	严格遵守课堂纪律，计2分；有秩序地实施任务，并按时完成，计3分；积极参加问题探究，计2分；善于发现并解决任务实施过程中的问题，计3分；与小组成员通力合作，有效沟通，计2分；在线抢答问题且答案正确，计3分	15		组间互评
		课后	能完成课后拓展任务，并能在网络上进行展示，计3分；及时进行学习场所的卫生清扫，计2分	5		组内互评
总计				100		—

注：90分及以上为优秀等级；75~89分为良好等级；60~74分为合格等级；60分以下为不合格。

课后拓展

- 查阅猪的生物学特性，并通过学银在线传至网络平台，供大家分享。
- 调研养猪场（户）猪种选择的基本原则。

猪的生物学特性

养猪场（户）猪种选择的基本原则

自测练习

1. 哈尔滨白猪是我国育成的第一个________型品种。
2. 三江白猪是我国培育的一个________型品种。
3. 东北民猪原产于东北三省，现作为宝贵基因库保存于________民猪场，平均窝产仔数为________头。
4. 太湖猪是我国乃至世界猪种中繁殖力最高，产仔数最多的品种，享有__________之誉。
5. 大白猪耳朵大而________；长白猪耳大________或________。
6. 大白猪作母本与长白公猪杂交，所得二元杂种母猪再与长白公猪杂交属于________杂交模式。
7. 在三元杂种中，杜洛克猪常作终端________本。
8. 在汉普夏猪、长白猪、杜洛克猪和皮特兰猪中，________常用来作杂交母本。

任务二 后备猪舍生产

学习目标

知识目标

1. 了解后备猪生长发育特点。
2. 掌握后备猪培育目标。
3. 熟悉后备公猪留用条件，掌握后备母猪选择标准。
4. 熟悉后备公母猪的初配年龄和体重要求。
5. 掌握后备猪的饲养管理要点。

技能目标

1. 会进行后备猪的引种。
2. 能按规程进行后备猪饲养管理操作。
3. 会进行后备猪的查情。

素养目标

1. 在学习后备猪培育时，思考工作目标与职业目标的关系，树立良好的职业态度，树立可期的职业理想。
2. 在后备公母猪选择标准学习过程中，了解达尔文的自然选择学说，树立竞争意识，全面提升个人的职业素质。

任务描述

种猪在生产过程中，不合格的个体需要不断被淘汰，缺失的部分由后备猪来补充。后备猪的生产任务是获得体格健壮、发育良好、具有品种典型特征和种用价值高的种猪，我们将按图1-7和图1-8所示的内容完成学习任务。

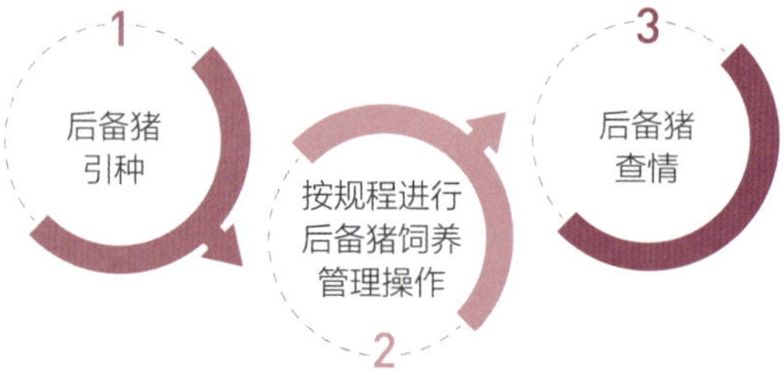

图1-7 “后备猪舍生产”实施环节

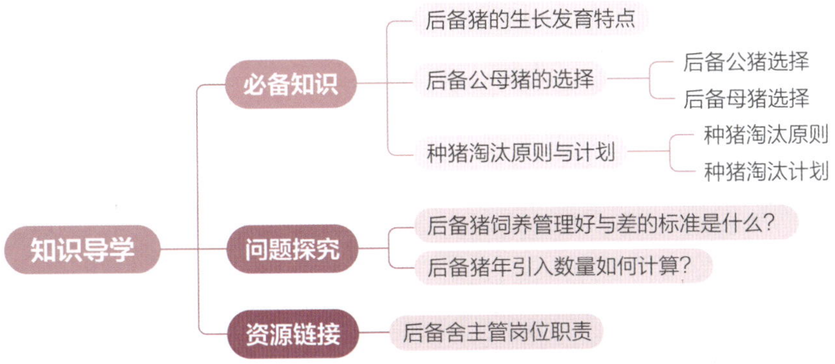

图1-8　“后备猪舍生产”知识思维导图

课前准备

一、学习资源准备

通过网络获取NY/T 65—2004《猪饲养标准》。

二、完成预习任务

1. 阅读学习相关资源，了解后备母猪饲养标准。
2. 查阅后备猪的饲养管理任务。

后备母猪的饲养标准

三、完成课前讨论

1. 完成《学情分析表》(附录一)。
2. 在线提出预习中存在的问题，并进行相关讨论。

知识链接

一、必备知识

(一)后备猪的生长发育特点

1. 体重的增长

在正常饲养条件下，猪体重的绝对增长随年龄的增加而增大，其相对增长强度则随年龄的增长而降低，到成年时，稳定于一定的水平。作为种用的后备猪，均有其正常的生长发育标准，以瘦肉型后备猪体重标准为例，见表1-1。

表1-1　瘦肉型后备猪体重标准　　单位：kg

品种	性别	3月龄	4月龄	5月龄	6月龄
长白猪	公	36	55	75	100
	母	35	52	70	90
大约克夏猪	公	30	51	76	104
	母	30	49	72	97
汉普夏猪	公	38	56	75	97
	母	32	49	62	79
杜洛克猪	公	32	41	69	93
	母	23	36	47	67

2. 猪体组织的生长

猪体组织的生长有其规律性，各组织器官生长的先后顺序是：神经组织→骨→肌肉→脂肪。骨骼是由下向上，先长其长度，后增其粗度；脂肪的沉积次序是按花油→板油→肉间脂肪→皮下脂肪进行的。

3. 猪体化学成分的变化

随年龄及体重的增长，水分、蛋白质及灰分等含量下降，而脂肪迅速增加。猪体内蛋白质和灰分的含量在体重45kg（或4月龄）以后是较稳定。

（二）后备公母猪的选择

1. 后备公猪选择

后备公猪是指断乳后至初次配种前选留作为种用的小公猪。

（1）后备公猪品种选择　在商品肉猪生产中，种公猪的品种应根据杂交方案进行选择。直接用二元杂交的父本或三元杂交的终端父本生产的商品仔猪，具有较快的生长速度和较好的胴体性能；还可选择三元杂交母本的种公猪（三元杂交的第一父本），要求其繁殖性能和产肉性能都较优异。在进行二元杂交时可考虑选用杜洛克猪、长白猪或大白猪作父本；在进行三元杂交时，应选择长白猪或大白猪作第一父本，选择杜洛克猪作终端父本。

（2）后备公猪个体选择　一是选择生长发育快、胴体性状优良的个体；二是要求体质强健，外形良好；三是生殖系统机能健全；四是健康状况良好，无传染性疾病。

（3）后备公猪初配年龄与体重要求　地方猪种可在5～6月龄、体重70～80kg时开始配种；国内培育猪种可在7～8月龄、体重90～100kg开始配种；国外引入猪种常在8～9月龄、体重110～120kg开始配种。

2. 后备母猪选择

仔猪育成结束至初次配种前为后备母猪的培育阶段，培育标准有以下几点。

（1）体质外形达本品种要求　后备母猪应体质健壮，无遗传疾病。体型外貌具有相应品种的典型特征，比如体重、体型、毛色、头型、耳型等，特别强调的是应有足够的乳头，且乳头排列整齐，无副乳头和瞎乳头。

（2）生长发育要求较快　观察其本身和同胞生长速度，选择生长发育较快的个体进行后备猪培育。

（3）繁殖性能高　后备母猪应选自产仔数多、哺育率高、泌乳能力强、断乳体重大的高产母猪的后代。同时要选择阴户发育较好，发情征兆明显的后备母猪。

后备母猪初配年龄与体重要求：早熟的地方品种生后5～6月龄、体重50～60kg且有2次正常的发情表现即可配种；引入品种应在7.5～8月龄、体重120～130kg且有2次正常的发情表现后，进行配种利用。

（三）种猪淘汰原则与计划

1. 种猪淘汰原则

种猪有以下表现的要进行淘汰：后备母猪超过8月龄以上不发情的；断乳母猪两个情期以上不发情的；母猪连续两次、累计三次妊娠期习惯性流产的；母猪配种后复发情连续两次以上的；青年母猪第一、二胎活产仔猪窝均6头以下的；经产母猪累计三产次活产仔猪窝均6头以下的；经产母猪连续二产次、累计三产次哺乳仔猪成活率低于60%以及泌乳能力差、咬仔、经常难产的母猪；经产母猪7胎次以上，且7胎的胎均活产仔数低于8头的；后备公猪超过10月龄以上不能使用的；公猪连续两个月精液检查不合格的；后备猪有先天性生殖器官疾病的；发生普通病连续治疗两个疗程而不能康复的种猪；发生严重传染病的种猪；种公猪4岁以上其性机能下降明显，精液品质较差，配种能力不强；由于其他原因而失去使用价值的种猪。

2. 种猪淘汰计划

（1）种母猪年淘汰率25%～33%，种公猪年淘汰率40%～50%。

（2）后备猪使用前淘汰率：后备母猪淘汰率10%，后备公猪淘汰率20%。

二、问题探究

1. 后备猪饲养管理好与差的标准是什么？

2. 后备猪年引入数量如何计算？

三、资源链接

后备舍主管
岗位职责

任务实施

> **规避风险提示**
> 后备猪引入时需要隔离观察才能入群。

一、后备猪引种

（一）工作场景设计

在乡村振兴工作中，一家小型猪场将淘汰一批种猪，需要引进后备猪，需编写科学的引种规程。

（二）后备猪引种目标

按计划完成后备猪的引种，保证全年均衡生产。

（三）引种操作规程

（1）制订合理的引种计划　按照后备猪利用率85%计算，猪场每月引种后备猪数=（基础母猪数×年更新率）/（12×0.85）。

（2）冲栏消毒　做好后备猪入场前的冲栏消毒工作，尽量做到全进全出。

（3）准备工作　依据季节提前准备好防寒保暖或防暑降温的准备工作。

（4）采血检测重大疫病　包括猪瘟、口蹄疫、伪狂犬、蓝耳等，抽检比例不低于引种数的10%，确保健康的种猪调入后备室。

（5）进猪　运猪车到出猪台后要进行全面严格消毒，夏天可带猪消毒后卸猪，运输人员严禁进入出猪台。

（6）隔离饲养　后备猪引进之后，首先放入隔离舍中进行为期约六周（40天）的隔离饲养，即引入后备猪至少在隔离舍饲养40天。若能周转开，最好饲养到配种前一个月，即母猪7月龄、公猪8月龄进入群。

二、按规程进行后备猪饲养管理操作

（一）工作场景设计

在乡村振兴工作中，承担一家小型猪场技术指导与服务，需编制新引进后备种猪的饲养

管理操作规程。

（二）工作目标

保证后备母猪使用前合格率在90%以上，后备公猪使用前合格率80%以上。

（三）工作安排

1. 上班巡栏

（1）巡查各栏是否有异常、突发及紧急的情况，比如猪只生病、设备损坏等。

（2）进行开料前的“3℃”温差调控，根据实际情况开关窗户及采取降温或保暖措施。要求舍内温度为18～22℃；湿度为60%～70%；无刺鼻的氨气味。

2. 卫生清扫

（1）先清扫料槽及周边。

（2）将栏舍内猪粪推至中间粪道，并清扫猪圈。

（3）猪粪直接进入舍外斗车，运至指定地点。

（4）清扫舍内空栏、走道、饲料间及蜘蛛网、灰尘等。

3. 猪群健康检查

（1）检查时间　在投料或卫生操作过程中进行，也可利用工作空余时间。

（2）检查内容　看猪只是否吃食或少食；是否便秘、腹泻、拉血；是否呼吸急促；是否出现行动障碍。

（3）出现异常情况报告主管。

4. 其他工作

（1）一周两次更换消毒桶及舍内消毒。

（2）完成饲料袋的收集摆放。

（3）完成主管安排的其他需要配合的事情。

5. 下班前巡栏

（1）观察猪群情况及舍内温湿度是否适宜。

（2）登记日报表。

6. 夜间巡栏

（1）时间不得早于20:30。

（2）观察猪群情况及舍内温湿度是否适宜。

（四）饲养管理操作规程

（1）按进猪日龄，分批次做好免疫计划、限饲优饲计划、驱虫计划并予以实施。后备母猪配种前驱除体内外寄生虫1次，进行猪乙型脑炎活疫苗、细小病毒（PPV）疫苗等注射。

（2）日喂料2次。母猪6月龄以前自由采食，7月龄适当限制，配种使用前0.5～1月优饲。限饲时喂料量控制在2kg以下，优饲时喂料量2.5kg以上或自由采食。

（3）做好后备猪发情记录，并将该记录移交配种舍人员。母猪发情记录从6月龄时开始。仔细观察初次发情期，以便在第2～3次发情时及时配种。

（4）后备公猪单栏饲养，圈舍不足时可2～3头一栏。后备母猪小群饲养，5～8头一栏。

（5）引入后备猪第1周内，饲料中适当添加一些抗应激药物，如电解多维、矿物质添加剂等。同时，饲料中适当添加一些抗生素药物，如强力霉素、利高霉素等。

（6）外引猪种有效隔离期约6周，即引入后备猪至少在隔离舍饲养40天。若能周转开，最好饲养到配种前1个月，即母猪7月龄、公猪8月龄。

（7）选用后备猪全价配合饲料，每天每头喂2.0～2.5kg，可根据配种计划和不同体况增减喂料量。后备母猪在第一个发情期开始，要提前喂催情料，料量比常规多1/3，配种后料量减到每头1.8～2.2kg。

（8）进入配种区的后备母猪每天用公猪试情检查。同时，要刺激母猪发情，其方法有调圈、和不同的公猪接触、尽量放在靠近发情的母猪、进行适当的运动、限饲与优饲、应用激素等。

（9）凡进入配种区后超过60天还不发情的小母猪应及时淘汰。对患有气喘、胃肠炎、肢蹄病的后备母猪要单栏隔离饲养，单栏位于猪舍的最后端，观察治疗一个疗程仍未见有好转就及时淘汰。

（10）后备猪每天分批次赶至运动场，运动时间以1～2h为宜。

（11）后备母猪在6～7月龄转入配种舍，小群饲养，每栏5～6头。后备母猪的配种月龄须达到8月龄，体重要达到110kg以上。公猪要求单栏饲养，配种月龄以9月龄且体重达到130kg以上为宜。

三、后备猪查情

（一）工作场景设计

在乡村振兴技术服务中，我们扶植的个体养猪场所饲养的后备猪现已达到配种的日龄和体重，需要鉴定后备猪是否发情，现在我们一起去养猪场对后备猪进行查情。

（二）后备猪发情鉴定目标

通过后备母猪合理诱情，提高后备母猪性成熟，促进其生殖器官发育，提高入群质量。

（三）查情工作流程

第一阶段：5.5～6月龄，180日龄开始查情、诱情、做好初情记录。

第二阶段：6～7月龄，乏情处理，加大促情。

第三阶段：7～7.5月龄，做好第二个情期记录。

第四阶段：7.5～8.5月龄，做好诱情工作，加大发情猪处理。

第五阶段：8.5～9.5月龄，激素处理，不发情猪淘汰。

（四）查情操作规程

后备猪达到165日龄时，后备室技术工人于每天2次查情。

1. 肉眼观察

母猪开始发情时，对周围环境十分敏感，食欲下降。随后母猪食欲开始增加，由低谷开始回升，嚎叫的频率也逐渐减少，变得呆滞，这时愿意接受其他公猪的爬跨。阴唇内黏膜颜色由浅变深再变浅。

2. 手触外阴

查看黏液情况，黏液由稀转稠，母猪外阴由硬变软再变硬。

3. 按压腰背后部

用手压母猪腰背后部，按压后母猪不哼不叫，四肢叉开，呆立不动，即出现所谓的“静立反应”，则表示该母猪的发情已达到高潮，表示此后即可配种。结合静立反应情况，综合判断后将查情信息标注在电脑软件或档案卡上。

学业评价

“后备猪舍生产”学业考核评价表

专业班级：　　　　　　姓名：　　　　　　考核时间：

评价方式	考核内容		评分标准	配分	得分	备注
自我评价（15%）	必备知识	后备猪的生长发育特点	掌握后备猪生长发育特点，计3分	3		通过学银在线进行自我评价
		后备公母猪的选择	掌握后备种公猪品种选择要点，计1分；掌握后备种公猪个体选择要点，计1分；熟悉后备母猪选择标准，计2分；熟悉后备母猪选择时期，计2分；掌握后备种公母猪年龄与体重标准，计2分	8		
		种猪淘汰原则与计划	掌握种猪淘汰原则，计2分；掌握种猪淘汰计划，计2分	4		

续表

评价方式	考核内容		评分标准	配分	得分	备注
教师学业评价（50%）	任务实施	后备猪引种	能按工作场景要求编制后备猪引种操作规程，计10分	10		按任务达成程度进行评价
		按规程进行后备猪饲养管理操作	能按工作场景要求，制订后备猪饲养工作日程，计10分；能编制新引进后备种猪的饲养管理操作规程，计15分	25		
		后备猪查情	能按工作场景要求，制订工作日程，计5分；能按规程对后备猪进行查情，计10分	15		
学生互评（35%）	学习过程考核	课前	参加学习资源准备，计5分；完成预习任务，计5分；参与课前讨论，计5分	15		组间互评
		课中	严格遵守课堂纪律，计2分；有秩序地实施任务，并按时完成，计3分；积极参加问题探究，计2分；提出生产中常见的问题，计3分；完成小组分配的任务，计2分；在线抢答问题且答案正确，计3分	15		组间互评
		课后	正确查询引进800头后备母猪的饲养员配额，计3分；卫生清扫清洁到位，计2分	5		组间互评
总计				100		—

注：90分及以上为优秀等级；75～89分为良好等级；60～74分为合格等级；60分以下为不合格。

课后拓展

- 查阅后备公母猪的初配年龄和体重之间的相关性。
- 网上查询引进800头后备母猪的饲养员配额。

自测练习

1. 后备猪培育目标有多个，其中，要求配种时合理体重为________kg；配种时年龄应为________月龄。
2. 后备种公猪饲养目标中表示合格率需超过________%。
3. 后备母猪查情工作分________个流程。
4. 生产中，地方猪种可在________月龄、体重达________kg时开始配种；国内培育猪种可在________月龄、体重________kg开始配种。

任务三　种公猪舍生产

学习目标

知识目标

1. 了解种公猪的类型。
2. 了解种公猪的初配月龄和利用年限。
3. 了解矿物质元素缺乏对种公猪繁殖性能的影响。
4. 掌握调教公猪的方法及注意事项。
5. 熟悉精液质量检查的主要指标。
6. 了解不合格种公猪的主要表现。
7. 掌握种公猪的管理要点。

技能目标

1. 会调教公猪。
2. 会进行猪的人工授精前的准备。
3. 会进行精液的稀释与分装。

素养目标

1. 通过学习种公猪的合理利用，树立崇尚科学的信念。
2. 在种公猪科学喂养过程中，培养吃苦耐劳的优良品德。
3. 在种公猪调教过程中，提升动物福利意识。
4. 在进行精液稀释与分装时，培养精益求精的工匠精神。

任务描述

在本交的情况下，一头公猪每年可负担20～30头母猪的配种任务，如果采取人工授精，一头公猪可负担200头母猪的配种。因此，种公猪的饲养管理非常重要，我们将按照图1-9和图1-10所示的内容完成学习任务。

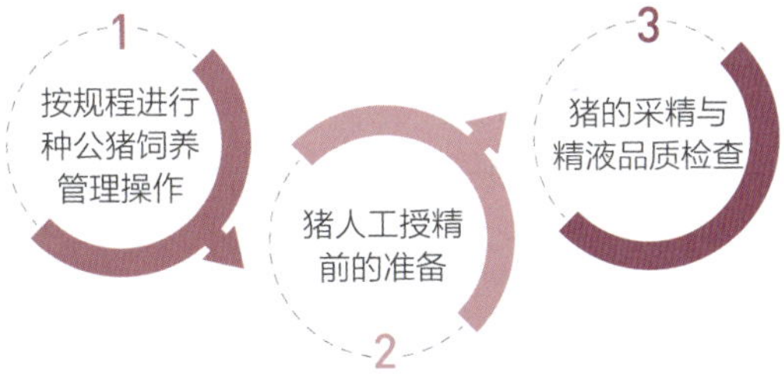

图1-9 “种公猪舍生产”实施环节

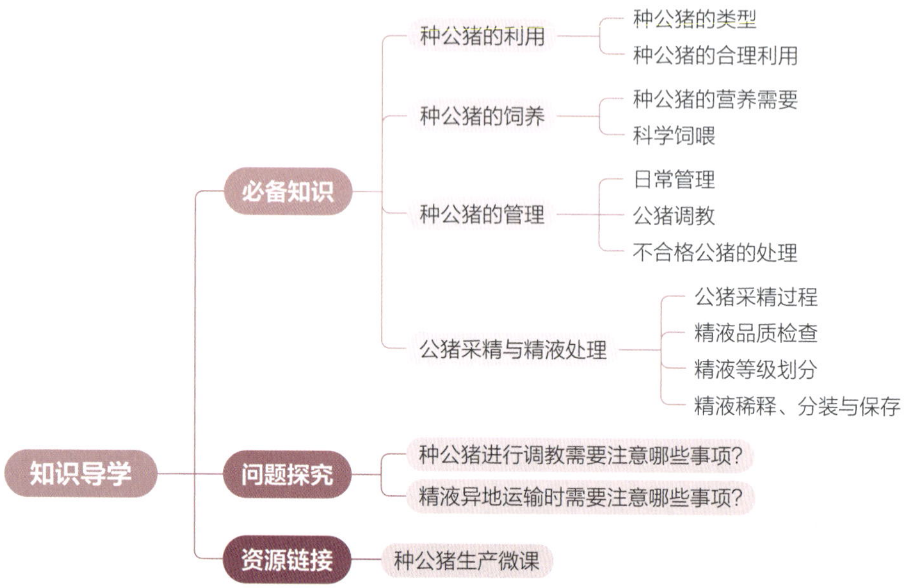

图1-10 “种公猪舍生产”知识思维导图

■ 课前准备

一、学习资源准备

通过网络获取国家生猪核心育种场的数量和地点。

二、完成预习任务

1. 阅读学习相关资源，了解公猪精液检查项目。
2. 查阅种公猪饲料配合时选择浓缩料还是预混料。

三、完成课前讨论

1. 完成《学情分析表》(附录一)。
2. 在线提出预习中存在的问题，并进行相关讨论。

知识链接

一、必备知识

（一）种公猪的利用

1. 种公猪的类型

种公猪分为纯种公猪和杂种公猪两类。纯种公猪用于保种和进行本品种选育提高的种公猪，目前应用最广泛的猪种是长白猪、大白猪和杜洛克猪三个瘦肉型品种。有计划的杂交组合所生产的公猪称为杂种公猪，目前杂种公猪广泛用于配套系的生产。

2. 种公猪的合理利用

实行本交的猪场，公母比例为1：（20～30），人工授精的猪场是1：（100～200）。后备公猪开始使用的时间约9月龄，开始配种的体重应超过130kg较为合适。利用强度为9月龄～1岁的青年公猪每日可配种2次，每周最多8次；1岁以上青年公猪和成年公猪每日可配种2～3次，每周最多配种12次。种公猪的利用年限一般为3～4年。

（二）种公猪的饲养

1. 种公猪的营养需要

种公猪的营养需要应考虑各种营养物质的质量和数量都能满足公猪正常生理需求。饲料原料要求新鲜，质量好，搭配多样化，才能保证营养成分的互补作用，满足其对能量、蛋白质、矿物质和维生素等营养需要，见表1-2。

表1-2　种公猪每头每日营养需要量

项目	体重/kg	
	90～150	>150
采食风干料/kg	1.9	2.3
消化能/MJ	23.85	28.87
代谢能/MJ	22.90	27.70
粗蛋白/g	228	276
赖氨酸/g	7.2	8.7
甲硫氨酸+胱氨酸/g	3.8	4.6
苏氨酸/g	5.7	6.9
异亮氨酸/g	6.3	7.6
钙/g	12.5	15.2

续表

项目	体重/kg	
	90～150	>150
磷/g	10.1	12.2
食盐/g	6.7	8.1
铁/mg	135	163
锌/mg	84	101
铜/mg	10	12
锰/mg	17	21
碘/mg	0.23	0.28
硒/mg	0.25	0.30
维生素A/IU	6700	8100
维生素D/IU	340	400
维生素E/IU	17.0	21.0
维生素K/mg	3.4	4.1
维生素B_1/mg	1.7	2.1
维生素B_2/mg	4.9	6.0
烟酸/mg	16.9	20.5
泛酸/mg	20.1	24.4
生物素/mg	0.17	0.21
叶酸/mg	1.00	1.20
维生素B_{12}/μg	25.5	30.5

注：配种前1个月在标准基础上增加20%～25%；冬季严寒时在标准基础上增加10%～20%。

2. 科学饲喂

在饲粮配制时应控制饲粮体积不要过大，饲粮调制时也不要过多地加水，防止公猪腹大下垂，降低配种能力。公猪日粮配方见表1-3。

表1-3　公猪日粮配方　　单位：%

饲料配方及营养水平	非配种期	配种期
玉米	43.0	43.0
大麦	35.0	28.0
麸皮	5.0	7.0
豆饼	8.0	8.0

续表

饲料配方及营养水平	非配种期	配种期
干草粉	—	6.0
槐叶粉	8.0	—
鱼粉	—	6.0
骨粉	—	1.5
贝壳粉	0.5	—
食盐	0.5	0.5
总计	100	100

资料来源：李文英．猪饲料配方700例［M］．北京：金盾出版社，2009.

（三）种公猪的管理

1. 日常管理

（1）加强运动　公猪运动距离每天不少于1000m。常在运动场中运动，若到放牧季节可以通过放牧达到运动效果。

（2）刷拭和修蹄　每天用刷子定时刷拭种公猪的体表，天气炎热时，可以结合淋浴进行冲洗刷拭。要注意保护种公猪的肢蹄，对不良的蹄形要及时修护。

（3）定期称重　要每周称重1次，避免其过肥过胖。

（4）建立良好的生活制度　种公猪的饲喂、运动和刷拭等生活日程要有合理的安排，减少非生产性应激，降低生产性应激，保持良好的生活习惯，维持健康，提高配种能力。

（5）防暑防寒　种公猪最适宜的舍内温度为18～20℃。夏季要防暑降温，冬季要防寒保温。

2. 公猪调教

调教的目的是诱导公猪能够正确地爬跨假母猪台，以便于进行正常的人工采精。

调教的年龄一般为6.5～7.5月龄。调教公猪的方法：每天将后备公猪赶进采精室，并关好门防止公猪逃跑，拍打假母猪台诱导后备公猪爬跨。公猪一旦爬跨上假猪台，采精人员要立即进行采精。每次调教时间20min左右，第二天在同样时间进行调教。要注意避免种公猪自淫现象发生。

3. 不合格公猪的处理

为慎重起见，对不合格的公猪需采取“五周四次精检法”进行复检。即第一次精检不合格的公猪，7天后再次进行采精检查；第二次检查又不合格的公猪，10天后采精；间隔4天后采精检查；仍然达不到标准的公猪，10天后再采精；间隔4天后再次采精检查；如果一直都不合格的公猪，建议淘汰处理。

（四）公猪采精与精液处理

1. 公猪采精过程

采精室要求环境安静，洁净卫生，温度适宜，无噪声，清洁假猪台，清理地面公猪残留的精液和尿渍；保持室温在18℃左右。

准备不锈钢采精杯（或自制采精杯）、橡皮筋、恒温箱、采精手套等用品。待公猪爬上假猪台后，用清洁、温暖的手握紧伸出的龟头，在公猪前冲时，握紧阴茎螺旋部的第一和第二摺，并顺着力量，把公猪阴茎的“S”状弯曲拉直（不必强拉），待阴茎充分伸展后并达到强直、“锁定”状态时开始射精。此时用采精杯收集，收集时通过纱布过滤到杯中，并将纱布上的胶状物丢弃掉，以免影响精液过滤。公猪射精结束后立即将采精杯交给实验室进行精液品质检查，下班之前彻底清洗采精室。

采精频率正常为2周3次。同时，保持采精后1h以上或下班前45～60min开始喂料。

2. 精液品质检查

精液质量检查的主要指标有精液量、颜色、气味、精子活力、精子密度、精子畸形率等。

（1）精液量　后备公猪的射精量一般为150～200mL，成年公猪为200～600mL。

（2）颜色　正常精液的颜色为乳白色或灰白色。精子密度越高，色泽越浓。

（3）气味　正常的公猪精液稍有腥味。如果精液有特殊臭味，可能混入了尿液或其他异物，应弃掉不用。

（4）精子活力　指直线前进运动的精子数占全部精子数的百分率。正常新鲜精液的精子活力要求高于0.7，稀释后活力低于0.65的则弃掉。

（5）精子密度　正常公猪的精子密度为每毫升2亿～3亿个精子，有的高达每毫升5亿个精子。

（6）精子畸形率　畸形的精子表现为断尾、断头、大头、双头、巨型、短小、有原生质滴、顶体脱落、折尾和双尾等。畸形率大于18%要弃掉。

3. 精液等级的划分

公猪精液分为优、良、合格和不合格四个等级。公猪精液等级标准见表1-4。

表1-4　公猪精液等级标准

等级	标准
优	采精量250mL以上，精子活力0.8以上，精子密度3.0亿个/mL以上，精子畸形率5%以下，颜色、气味正常
良	采精量150mL以上，精子活力0.7以上，精子密度2.0亿个/mL以上，精子畸形率10%以下，颜色、气味正常

续表

等级	标准
合格	采精量100mL以上，精子活力0.65以上，精子密度0.8亿个/mL以上，精子畸形率18%以下；颜色、气味正常
不合格	采精量100mL以下，精子活力0.65以下；精子密度0.8亿个/mL以下；精子畸形率18%以上；颜色、气味不正常。以上条件只要有一个条件符合即评为不合格

4. 精液稀释、分装与保存

严格按照精液稀释粉的标准配比进行精液的稀释。配备好的稀释液与精液在39℃的恒温条件下进行保存，然后把精液移至2000mL的大塑料杯中并沿杯壁缓缓加入稀释液后轻轻摇匀或缓慢搅匀。如果需要高倍稀释，首先进行1∶1的低倍稀释，1min后再把剩下的稀释液缓慢加入。精液分装时按每份60～80mL进行分装，要求清楚标明公猪编号。分装后先放置在22℃左右室温下，1～2h后，以平放或叠放的方式再放入17℃恒温箱中，保存时间为1～3天。

二、问题探究

1. 种公猪进行调教需要注意哪些事项？
2. 精液异地运输时需要注意哪些事项？

三、资源链接

种公猪生产微课

任务实施

规避风险提示

有疾病风险的猪不进行调教。

一、按规程进行种公猪饲养管理操作

（一）工作场景设计

学校技术扶植的养猪场饲养着22头种公猪，该场领导邀请教师今天进场技术指导。经商议，教师将带领我们一起进场学习种公猪饲养管理常规操作。

（二）种公猪饲养管理目标

按计划完成每周配种任务，保证全年均衡生产。

（三）操作规程

1. 饲养操作

种公猪的日粮应依据舍内温度、配种任务及其年龄和体重等进行适当的调整饲喂量。一般情况下，体重150kg左右的成年公猪，舍内温度15～22℃时，在配种期内，它的日粮饲量是2.5～3.0kg；在非配种期内，日粮饲喂量为2kg左右；对于季节性配种的公猪，为了使其顺利地完成配种任务，并且保证其身体不受到损伤，在生产实践中，在季节配种前2～3周，按照配种期饲养方式来进行饲养管理。

种公猪的饲喂次数一般每日三次，以九成饱为宜。

对于青年公猪，每天增加日粮供给量的10%～20%，以便于满足其自身生长发育的需要。种公猪的饲粮中一般选用干粉料或生湿料，每天可饲喂2～3次。通过每天的饲喂量，可以控制种公猪体重的增长。如果是采用本交配种方式的猪场，更要注意种公猪的体重。如果种公猪体重过大，配种时，母猪支撑公猪体重会很困难，影响配种过程和效果，便会造成公猪过早淘汰，增加饲养种公猪的成本。

2. 管理操作

（1）精液品质检查。对于本交的公猪，每月必须进行一次精液品质的检查。夏季可以每月进行两次配种，要根据精液检测结果，合理安排好公猪的使用强度。如果连续两次或三次精检不合格，而且伴有睾丸肿大、萎缩和跛行等疾病，或者性欲长期低下等问题的种公猪，必须淘汰。

（2）做好防暑降温工作。种公猪怕热，为防止公猪热应激，在天气炎热的季节，配种时间应选择在早晚较凉爽时进行，并且要适当减少次数。

（3）要经常刷拭并冲洗猪体，对体外寄生虫进行及时驱虫，并要注意公猪肢蹄的保护。

二、猪人工授精前的准备

配图（代表性）	任务	用品准备	项目要求
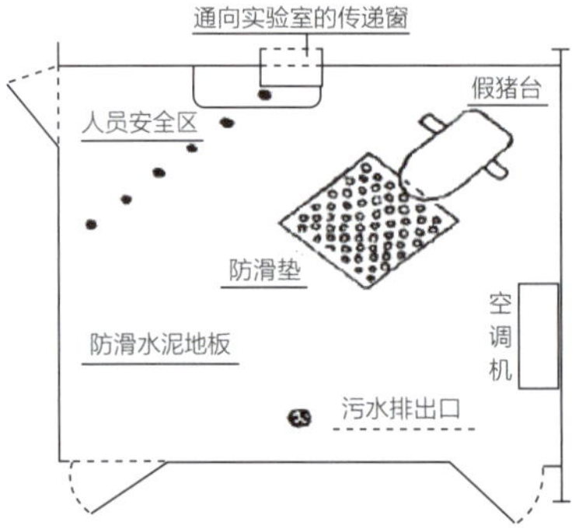	精液采集	采精室（采精栏），配空调机、防滑垫等	采精室应平坦、干净、开阔、光线充足

配图（代表性）	任务	用品准备	项目要求
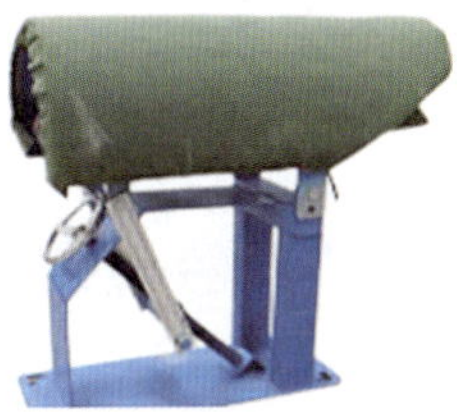	精液采集	假猪台，台面为木质或铁板制成	假猪台高60～70cm，宽30～40cm，长60～70cm，在假猪台上可以包一张加工过的猪皮，起到诱导公猪的作用
		不锈钢采精杯（或自制采精杯）、橡皮筋、恒温箱、采精手套	自制采精杯：把一只一次性采精袋放在保温杯内，覆盖2～3层过滤纸在杯口，低于杯子边缘2cm左右，用橡皮筋固定好。然后将采精杯放在37℃恒温箱中以备使用
		过滤纸（或无菌纱布）	要求过滤纸的微孔在100μm左右，能让精子通过并且能过滤精液中胶状物质
		1g/L高锰酸钾水溶液、清水、剪刀、毛巾、卫生纸	用于清洗、清洁与消毒
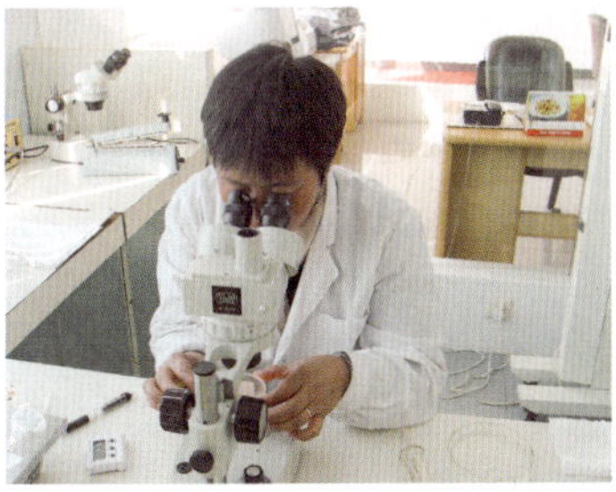	精液检查	显微镜、恒温载物台、玻璃棒、载玻片、盖玻片、pH试纸、精子密度测定仪	用于检查精子的活力和密度
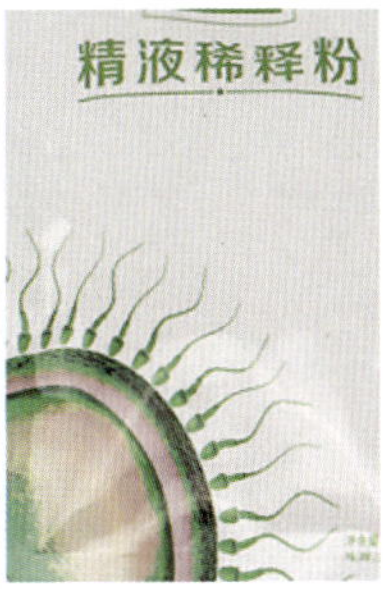	精液稀释	稀释液配制：精制葡萄糖粉、柠檬酸钠、蒸馏水25L、200mL烧杯、玻璃棒、量筒、蛋黄，青霉素钾（钠）、链霉素	配制方法：用天平称取精制葡萄糖粉5g，柠檬酸钠0.5g，量取新鲜蒸馏水100mL，将三者放入200mL烧杯中，用玻璃棒搅拌充分溶解。溶解后取97mL，加入蛋黄3mL，青霉素钾（钠）10万IU，链霉素100mg
		或采购精液稀释粉	

配图（代表性）	任务	用品准备	项目要求
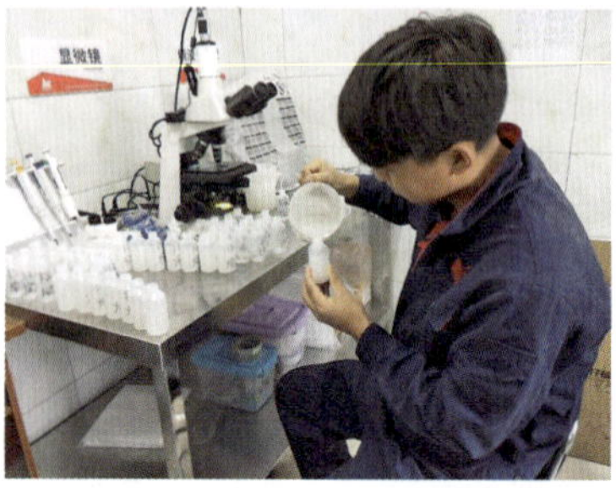	精液分装	电子天平、精液分装瓶（袋）、微量可调移液器、量筒、玻璃烧杯、标签	用于精液定量分装和标注
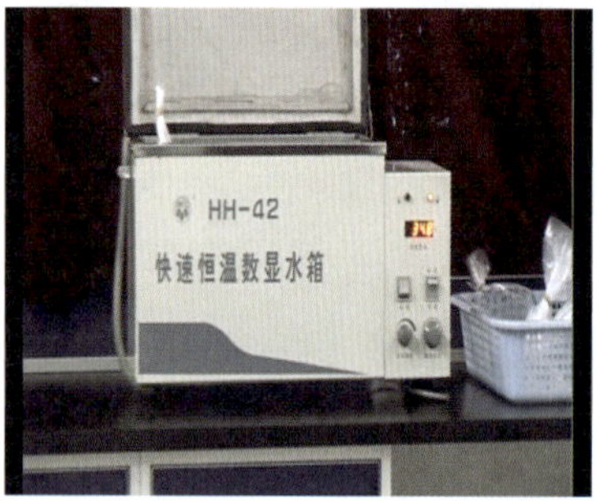	精液保存	恒温箱	保存恒温箱中，要求温度设置为17℃，保存时注意平放，增大接触面积
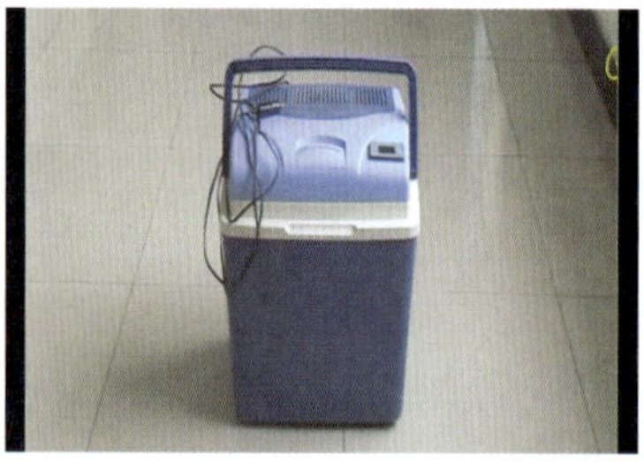	精液运输	运输箱	短程运输精液时使用
		双层泡沫箱	长途运输精液时使用
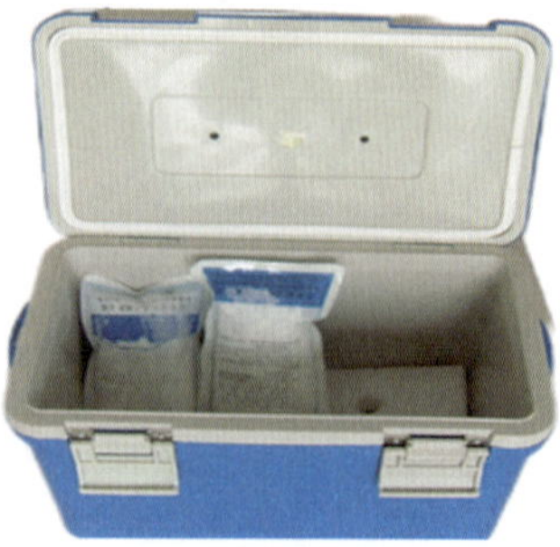		车载运输箱	长途运输精液时使用

配图（代表性）	任务	用品准备	项目要求
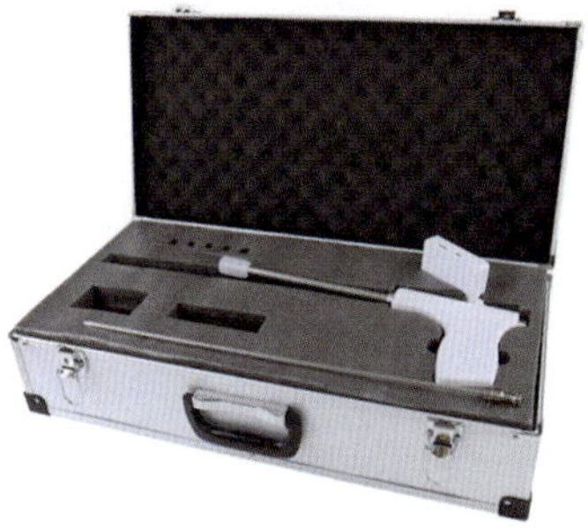	人工输精	精液瓶、精液、一次性输精管、1g/L高锰酸钾水溶液、催产素、清水、抹布、剪刀、针头、干燥清洁毛巾、手套、液体石蜡	母猪人工输精时所需用具、用品和润滑剂

三、猪的采精与精液品质检查

（一）采精操作

（1）在采精之前先剪去公猪包皮上的被毛，防止干扰采精及细菌污染。

（2）将待采精公猪赶至采精栏，用1g/L高锰酸钾溶液清洗其腹部及包皮，再用清水洗净，抹干。

（3）挤出包皮积尿，按摩公猪的包皮部，进行公猪采精。

（4）收集浓份精液，直至公猪射精完毕时才放手，注意在收集精液过程中防止包皮部液体或其他如雨水等进入采精杯。

（5）注意在采精过程中不要碰阴茎体，否则阴茎将迅速缩回。

（6）采精频率为成年公猪每周2次，后备公猪每周1次（1岁左右），最好能固定每头公猪的采精频率。

（二）精液品质检查

所有在用的公猪每月必须普查精液品质一次，精子活力低于0.65的精液需要倒掉，并按五周四次精检法复检。

学业评价

"种公猪舍生产"学业考核评价表

专业班级：　　　　　　姓名：　　　　　　考核时间：

评价方式	考核内容		评分标准	配分	得分	备注
自我评价（15%）	必备知识	种公猪的利用	熟悉种公猪的类型，计 1 分；掌握种公猪的合理利用内容，计 1 分	2		通过学银在线进行自我评价
		种公猪的饲养	了解种公猪的营养需要，计1分；能说出科学饲喂方法，计1分	2		
		种公猪的管理	掌握种公猪的日常管理要点，计1分；掌握公猪调教方法，计2分；了解不合格种公猪的处理方法，计1分	4		
		公猪采精与精液处理	掌握公猪的采精过程，计2分；说明精液检查的项目，计1分；掌握精液等级的划分，计1分；掌握精液稀释、分装与保存方法，计3分	7		
教师学业评价（50%）	任务实施	按规程进行种公猪饲养管理操作	能依据舍内温度、配种任务及其年龄和体重等实际情况适当的调整日粮饲喂量，计2分；会进行种公猪管理程序操作，计8分	10		按任务达成程度进行评价
		猪人工授精前的准备	能准备精液采集、精液检查、精液稀释、精液分装、精液保存、精液运输及人工输精设备或仪器用品等，计14分；每错1处扣2分	14		
		猪的采精与精液品质检查	采精者戴上医用乳胶手套，将公猪包皮内尿液挤出并消毒，计3分；采精方法正确，计6分；过滤精液方法正确，计2分；会采精后处理，计2分；能感官检查精液品质，计4分；能按五周四次精检法复检精子活力，计8分；会处理不合格精液，计1分	26		
学生互评（35%）	学习过程考核	课前	参加学习资源准备，计5分；完成预习任务，计5分；参与课前讨论，计5分	15		组内互评
		课中	严格遵守课堂纪律，计2分；有秩序地实施任务，并按时完成，计3分；积极参加问题探究，计2分；提出影响人工授精因素等问题，计3分；小组成员通力合作共同完成任务，计2分；在线抢答问题且答案正确，计3分	15		组间互评
		课后	能按要求集好输精管，冲洗输精栏，计3分；清扫学习场所，计2分	5		组内互评
总计				100		—

注：90分及以上为优秀等级；75～89分为良好等级；60～74分为合格等级；60分以下为不合格。

课后拓展

- 完成精子密度的检查试验，写明精子密度仪测量法和红细胞计数法各自的优点和缺点。
- 网上查询猪的精液稀释粉的种类及价格，并传至学银在线作业栏中。

自测练习

1. 种公猪最舒适的温度是（　　）。

   A. 13～25℃　　B. 11～26℃　　C. 14～28℃　　D. 15～20℃

2. 常规化猪人工授精中，每头份精液量和有效精子数是（　　）。

   A. 80～100mL，30亿个～35亿个　　B. 60～120mL，30亿个～35亿个

   C. 80～100mL，60亿个～85亿个　　D. 80～140mL，60亿个～75亿个

3. 在人工授精输精时，为防止精液倒流，采取的方法有（　　）。

   A. 按摩母猪的阴户　　B. 将精液挤入子宫

   C. 动作快一点　　D. 输精后马上拔出精液瓶

4. 正常精液中的精子畸形率不超过（　　）。

   A. 18%　　B. 20%　　C. 16%　　D. 14%

5. 精液检查的最主要设备是（　　）。

   A. 显微镜　　B. pH试纸　　C. 恒温箱　　D. 电子天平

任务四　配怀舍生产

学习目标

知识目标

1. 掌握母猪发情排卵的方法。
2. 掌握母猪发情鉴定常用的方法。
3. 了解早期妊娠诊断的原则。
4. 掌握早期妊娠诊断的具体方法。
5. 了解妊娠母猪的饲养目标和饲养模式。
6. 掌握妊娠母猪不同阶段的营养需求。

技能目标

1. 能准确对母猪进行发情鉴定。
2. 能按规程完成母猪人工输精操作。
3. 能使用B超进行早期妊娠诊断。
4. 会进行预产期推算。
5. 能按规程进行配怀母猪的饲养管理操作。

素养目标

1. 在介绍妊娠母猪的饲养目标时，理解《论语》中所说“取乎其上，得乎其中；取乎其中，得乎其下；取乎其下，则无所得矣”的道理。
2. 在学习B超诊断妊娠时，通过反复练习，不断提升自信心和职业情感。
3. 在妊娠母猪饲养管理过程中，提升团队协作精神和以场为家的责任意识。

任务描述

配怀舍中饲养待配母猪116头，妊娠母猪136头。为了提高待配母猪的繁殖性能，强化妊娠母猪的饲养管理操作规范，您作为配怀舍的组长，将带领大家按照如图1-11和图1-12所示的内容完成学习任务。

图1-11 “配怀舍生产”实施环节

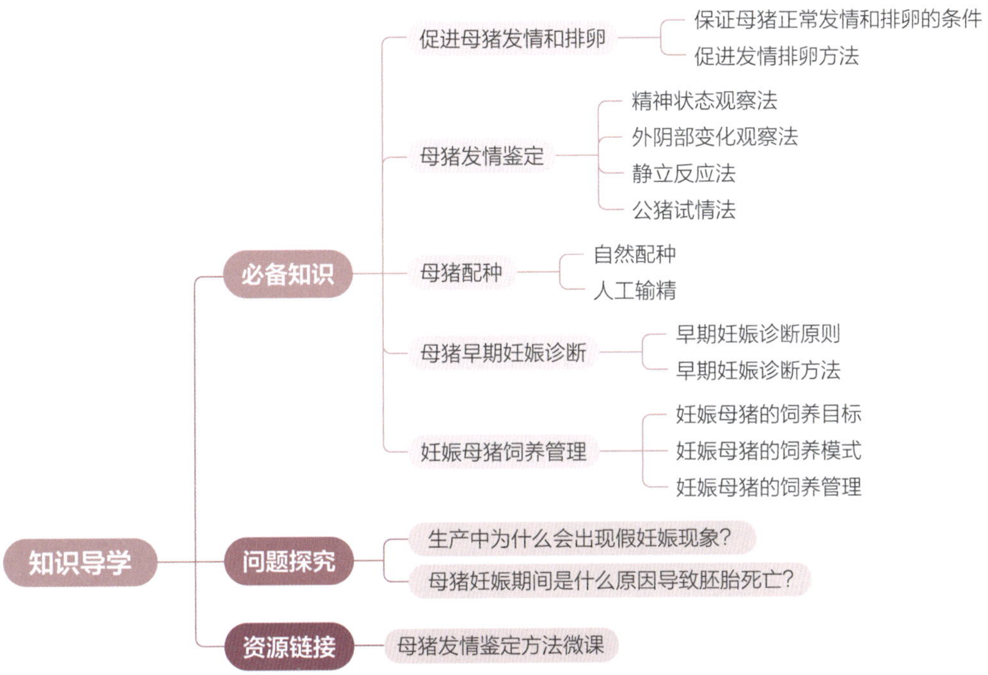

图1-12 “配怀舍生产”知识思维导图

课前准备

一、学习资源准备

通过网络获取企业配怀舍管理规程。

二、完成预习任务

1. 阅读学习相关资源，了解配怀舍的主要工作任务及职责。
2. 查阅猪的胚胎与胎儿生长发育过程。

配怀舍的主要工作任务及职责

胚胎与胎儿生长发育过程

三、完成课前讨论

1. 完成《学情分析表》(附录一)。
2. 在线提出预习中存在的问题，并进行相关讨论。

知识链接

一、必备知识

（一）促进母猪发情和排卵

1. 保证母猪正常发情和排卵的条件

（1）保持适宜的繁殖体况　具有适宜繁殖体况的母猪一般都能正常发情、排卵和受孕。适宜的繁殖体况均为七八成膘。膘情在六成以下，则很难正常发情和受孕。

（2）短期优饲　又称催情补饲。指对断乳后膘情较好的母猪，在仔猪断乳前3天开始逐渐减少饲喂量，少喂精料，多喂青绿饲料，断乳后3天减少到规定的饲喂量，使母猪尽快达到干乳期。然后在母猪配种准备期（后备母猪配种前2～3周、经产母猪配种前7～10天）增加饲喂量。短期优饲可增加排卵数2枚左右，从而增加产仔数。

2. 促进发情排卵方法

（1）公猪诱情　让试情公猪在母猪栏外过道上来回行走，每次15～20min，使其相互间能闻到气味。这样公猪的求偶声、气味、鼻的触弄等刺激均能引起待配母猪脑下垂体前叶促卵泡激素的分泌，使母猪能够发情排卵。

（2）药物催情　据报道，孕马血清促性腺激素（PMSG）、绒毛膜促性腺激素（HCG）、促黄体素释放激素（LRH-A3）和枸橼酸氯米芬（以下简称氯米芬）四种药物对青年母猪催情效果较好。

（3）按摩乳房　乳房按摩可促进母猪发情排卵，包括表层按摩和深层按摩。表层按摩即抚摸猪乳房两侧，深层按摩即以每个乳头为圆心，用五个手指在乳房周围呈圆周运动。每日10min左右表层按摩能促进空怀母猪发情。几天后，待母猪有发情征兆，对乳房进行表层和深层交替按摩各5min，配种当天再深层按摩10min。

（4）合圈并窝饲养　把不发情的空怀母猪和发情母猪并到同一个圈内饲养，通过彼此爬跨等刺激，促进不发情空怀母猪发情排卵。同时，对窝产仔数少或泌乳力差的母猪，待仔猪吃完初乳后，将两窝合并为一窝，让一头母猪哺养，另一头空出提前发情配种。

（二）母猪发情鉴定

饲养员根据母猪转入的记录和后备母猪发情记录逐栏观察与寻找可能发情的母猪。其方法有精神状态观察法、外阴部变化观察法、静立反应法和公猪试情法。以上4种方法各猪场均混合利用，先进行静立反应检查，再用精神状态观察法查找母猪发情行为及外阴部变化，最后用公猪试情。

（三）母猪配种

1. 自然配种

（1）单次配种　在一个发情期内，一头母猪用一头公猪配种一次。其优点是使用的公猪数少，缺点是受胎率和窝产仔数略低。

（2）重复配种　在一个发情期内，一头母猪用同一头公猪先后配种两次，两次间隔时间为8～12h。其优点是能在最佳受精期内，确保卵子在输卵管内有足够获能的精子数，保证受胎率和窝产仔数。

（3）双重配种　在一个情期的一次配种中，一头母猪分别与两头种公猪交配，间隔时间为15～20min。优点是能增加卵子对不同遗传背景精子的选择和受精的机会，有助于提高受胎率；缺点是增加公猪的饲养数量且仔猪的父本不能确定，无法登记系谱。

（4）多次配种　在一个情期中，一头母猪每隔12～18h进行一次配种，直到母猪不再有静立反应现象为止。优点是可以提高受胎率；缺点是工作量大，需要的公猪数量多。

2. 人工输精

刚开始用人工输精的猪场多采用一次本交、两次人工输精的做法，逐渐过渡到全部人工输精。人工输精操作要点见任务实施。

（四）母猪早期妊娠诊断

1. 早期妊娠诊断原则

母猪早期妊娠诊断原则为“早、准、易、廉、稳”。其中，早是指在配种后3周或4周内可以确诊是否妊娠；准是指妊娠诊断的准确率要高于85%，最好达到100%；易是指妊娠诊断的方法操作简便、容易掌握；廉是指妊娠诊断费用低，降低诊断成本；稳是诊断过程稳妥、无刺激性，对胎儿的正常发育无不良影响，也不会造成流产。

2. 早期妊娠诊断方法

早期妊娠诊断方法有外部观察法和超声波诊断法。检查确定母猪是否妊娠，无论妊娠与否都要做好记录，以便于采取相应的饲养管理措施。

（五）妊娠母猪饲养管理

1. 妊娠母猪的饲养目标

妊娠母猪的饲养目标主要看体重和P2点背膘厚度（指猪最后一根肋骨外切线距背中线6.5cm处的背膘厚度）。在整个妊娠期间要求母猪体重增加量应控制在35～45kg为宜，青年母猪第1个妊娠期增重达45kg左右为宜；第2个妊娠期增重40kg左右；第3个妊娠期以后增重在30～35kg为宜。同时，临产时P2点背膘厚度在17～19mm较为理想。

2. 妊娠母猪的饲养模式

（1）抓两头顾中间　在母猪配种前10天及妊娠初期后20天之间要提高其营养水平，要求饲喂的日粮要优质全价，特别是蛋白质含量要高，待体况恢复后，再按饲养标准饲喂，妊娠80天后，再提高日粮的营养水平加强营养的供给，并形成“高—低—高”的营养供给特点。

（2）步步登高　在母猪的整个妊娠期间，根据胎儿体重的增长，饲喂的营养水平也逐步提高，到分娩前1个月达到最高峰。饲喂方式一般在妊娠初期以青粗饲料为主，然后逐渐增加精饲料比例，注重增加蛋白质和矿物质饲料，只有分娩前3～5天日粮饲喂量减少10%～20%。

（3）前低后高　妊娠80天后需要提高营养水平，增加精料量比例，增加母猪的饲喂量。

3. 妊娠母猪的饲养管理

（1）饲粮配合　根据胚胎生长发育规律和妊娠母猪本身营养需求，依据饲养标准，结合当地饲料资源科学配制饲粮。注意各种饲料的合理搭配，保证胚胎正常生长发育。

（2）饲喂量　妊娠早期（配种至怀孕80天）的母猪每天饲喂2.0～2.5kg的全价日粮；妊娠后期（妊娠80～110天）应适当增加日喂量，每天饲喂2.5～3.0kg。

（3）限制饲养　妊娠早期的母猪，食欲好、消化代谢能力强、体重增加较快，可采用个体限饲和稀释日粮的方法，其中稀释日粮法较为理想。

（4）栏位饲养　单栏饲养既有利于控制母猪的饲喂量，还可以防止母猪间的强夺弱食，减少母猪的损伤和流产。妊娠前期，每个圈栏可养3～4头，妊娠中期每圈2～3头，临产前5～7天转入分娩舍，每头单栏饲养。

（5）加强管理　妊娠母猪舍一定要保持安静，严禁鞭打、强度驱赶妊娠母猪；母猪妊娠一个月后，每天自由运动2～3h，妊娠后期应适当减少运动，临产前5～7天停止运动；妊娠母猪对高温很敏感，夏季应做好防暑措施，使舍内温度尽量不超过24℃。产前1个月按免疫程序接种疫苗，产前4周的母猪驱虫；做好日常管理工作及时登记转入和转出母猪数。

二、问题探究

1. 生产中为什么会出现假妊娠现象？
2. 母猪妊娠期间是什么原因导致胚胎死亡？

三、资源链接

母猪发情鉴定
方法微课

任务实施

规避风险提示

注意安全生产，确保人畜安全。

一、母猪发情鉴定

配图	鉴定方法	鉴定依据
	精神状态观察法	兴奋不安，两耳耸立、东张西望、在圈内来回走动；食欲减退甚至废绝；有的哼叫或爬跨其他母猪
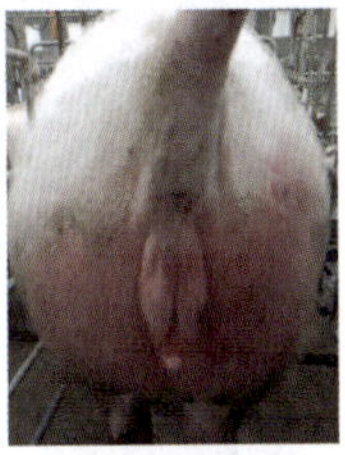	外阴部变化观察法	初期母猪：外阴部充血肿胀，有黏液流出
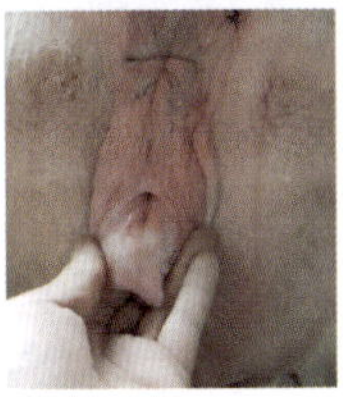		发情盛期母猪：外阴部淡红或血红，黏液量多而稀薄
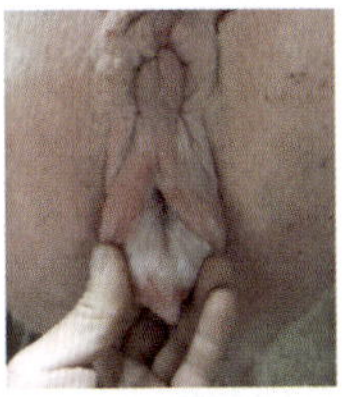		母猪黏膜肿胀，发亮，略呈暗红色，黏液黏稠可拉成细丝
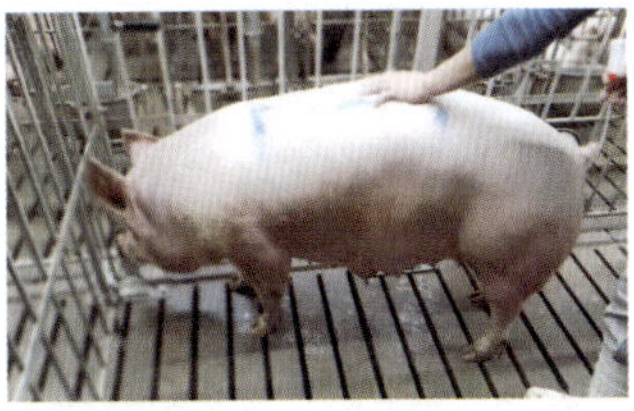	静立反应法	双手以10～20kg的力量按压母猪的背腰部，或骑在母猪背部。如果母猪出现神情呆滞、竖耳、静立不动、双腿叉开等动作即为发情
	公猪试情法	安排试情公猪与母猪接触，如果母猪允许试情公猪爬跨即为发情

二、母猪人工输精操作

（1）准备好输精栏、1g/L高锰酸钾水溶液、清水、抹布、精液、剪刀、针头、干燥清洁毛巾等。

（2）先用1g/L高锰酸钾水溶液清洁母猪外阴周围、尾根，再用温和清水洗去消毒水，擦干外阴。

（3）将试情公猪赶至待配母猪栏前（发情鉴定后，公母猪不再见面，直至输精），使母猪在输精时与公猪有口鼻接触，输完几头母猪更换一头公猪以提高公母猪的兴奋度。

（4）从密封袋中取出无污染的一次性输精管（手不准触其前2/3部），在前端涂上对精子无毒的润滑油。

（5）将输精管斜向上插入母猪的生殖道内，当感觉到有阻力时再稍用一点力，直到感觉其前端被子宫颈锁定为止（轻轻回拉不动）。

（6）从贮存箱中取出精液，确认标签正确。

（7）小心混匀精液，剪去瓶嘴，将精液瓶接上输精管，开始输精。

（8）轻压输精瓶，确认精液能流出，用针头在瓶底扎一小孔，按摩母猪乳房、外阴或压背，使子宫产生负压将精液吸纳，绝不允许将精液挤入母猪的生殖道内。

（9）通过调节输精瓶的高低来控制输精时间，一般3～5min输完，最快不要少于3min，防止吸得快，倒流得也快。

（10）输完后在防止空气进入母猪生殖道的情况下，将输精管后端折起塞入输精瓶中，让其留在生殖道内，输精后1～1.5h，拉出输精管。

（11）每次一头母猪输完精后，立即登记配种记录，如实评分。

三、母猪早期妊娠诊断方法

配图	诊断方法	诊断依据
	外部观察法	贪睡，食欲旺，易上膘，被毛亮，性情温驯，行动稳缓，阴门收缩紧闭成一条线
	超声波诊断法	子宫内出现暗区，观察到胎心搏动，判断为妊娠

四、预产期推算

母猪的妊娠期一般为108～120天，平均114天。推算方法常用三三三法和进四去六法，此外还有查表法和八七法。

1. 三三三法

把母猪的妊娠期记为三个月三个星期三天。例如，一头母猪是在3月18日配种，预产期就是3月+3月=6月，18日+21日（三个星期）+3日=42日，那么该母猪的预产期就是7月12日。

2. 进四去六法

在母猪配种的月份上加四，母猪配种的日上减六。例如，一头母猪是5月10日配种的，其预产期的月上加四为5+4等于9月，日上减六即10-6日等于4日，即9月4日产仔。

五、按规程进行配怀舍饲养管理操作

1. 工作目标

按计划完成每周配种任务，保证全年均衡生产；保证配种分娩率在85%以上；保证窝平均产活仔数在10头以上；保证后备母猪合格率在90%以上。

2. 工作日程安排

工作时间：7：30—11：30；14：00—17：30。

随着季节变换，工作时间可相应的前移或后移，具体时间参照以下执行。

7：30—9：00，配种、发情检查（采精，输精）。

9：00—9：30，喂饲。

9：30—10：30，观察猪群、治疗。

10：30—11：30，清理卫生及其他工作。

14：00—15：30，冲洗猪栏、猪体及其他工作。

15：30—17：00，配种、发情检查（采精，输精）。

17：00—17：30，喂饲。

3. 工作内容描述

提供新鲜的饲料和饮水；观察猪群健康情况，对患病猪及时隔离并给予治疗；按时清理猪粪，对设备进行常规的维修和保养；有序安排后备猪配种；每日配种、发情检查及妊娠检查；安排断乳母猪进入配种区，并合理分群；将确定妊娠的母猪转入定位栏，并按顺序排列；将产前1周母猪转入产房。

4. 按配种时间用妊娠母猪料分阶段饲喂

配种后7天内，喂料量1.3～1.6kg/（天·头）；妊娠8～21天为1.6～1.8kg/（天·头）；22～85天为2.0～2.5kg/（天·头）；86～107天为2.8～3.5kg/（天·头）。

学业评价

"配怀舍生产"学业考核评价表

专业班级：　　　　　姓名：　　　　　考核时间：

评价方式	考核内容		评分标准	配分	得分	备注
自我评价（15%）	必备知识	促进母猪发情和排卵	掌握发情和排卵条件，计1分；熟悉促进发情排卵方法，计1分	2		通过学银在线进行自我评价
		母猪发情鉴定	掌握母猪发情鉴定4种方法，计4分	4		
		母猪配种	了解母猪配种方法，计2分	2		
		母猪早期妊娠诊断	掌握母猪妊娠诊断方法，计2分；熟悉母猪妊娠诊断原则，计1分	3		
		妊娠母猪饲养管理	掌握妊娠母猪的饲养模式，计1分；掌握饲养管理要点，计3分	4		
教师学业评价（50%）	任务实施	母猪发情鉴定	能依据母猪精神状态、外阴部变化、静立反应和试情公猪判断母情发情，计8分；每错1处扣2分	8		按任务达成程度进行评价
		母猪人工输精操作	会消毒母猪外阴部，计2分；使用一次性输精管，并将其斜向上插入母猪的生殖道内，计3分；将精液瓶接上输精管，计2分；轻压输精瓶，开始输精，并通过调节输精瓶的高低来控制输精时间，计2分；输完后将输精管后端折起塞入输精瓶中；计2分；做好配种记录，计1分	12		
		母猪早期妊娠诊断方法	依据外部观察法估测母猪妊娠，计4分；能采用超声波诊断法对母猪进行早期妊娠诊断，计6分	10		
		预产期推算	给出案例，能使用三三三法推算母猪预产期，计5分；能使用进四去六法推算母猪预产期，计5分	10		
		按规程进行配怀舍饲养管理操作	整理出配怀舍工作目标，计2分；会编制工作日程，计2分；对工作内容描述清晰，计2分；能按配种时间用妊娠母猪料分阶段饲喂，计4分	10		
学生互评（35%）	学习过程考核	课前	参加学习资源准备，计5分；完成预习任务，计5分；参与课前讨论，计5分	15		组内互评
		课中	严格遵守课堂纪律，计2分；有秩序地实施任务，并按时完成，计3分；积极参加问题探究，计2分；提出生产中常见问题，计3分；完成小组分配的任务，计2分；在线抢答问题且答案正确，计3分	15		组间互评
		课后	能完成课后拓展任务，计3分；能清洁工作环境，计2分	5		组内互评
总计				100		—

注：90分及以上为优秀等级；75～89分为良好等级；60～74分为合格等级；60分以下为不合格。

课后拓展

- 整理出配怀舍母猪饲养管理操作规程。

自测练习

1. 生产中母猪人工输精使用的主要工具是________。
2. 母猪早期妊娠诊断的主要方法有________和________。
3. 妊娠母猪的饲养模式为________、________、________。
4. 母猪临产前________应停止运动。

任务五　分娩舍生产

学习目标

知识目标

1. 了解母猪分娩前的准备工作。
2. 熟悉母猪分娩征兆。
3. 掌握母猪分娩过程。
4. 掌握接产要领。
5. 掌握仔猪固定乳头方法。
6. 掌握哺乳仔猪的开食补料方法。
7. 了解预防仔猪下痢的举措。
8. 分析新生仔猪死亡原因。
9. 说出泌乳母猪的营养需求。

技能目标

1. 能给仔猪正确打耳号。
2. 会给母猪接产。
3. 会救助假死仔猪。
4. 会给仔猪固定乳头。
5. 能正确给仔猪断乳。

素养目标

1. 通过母猪分娩过程的合作，培养团队合作精神。
2. 在日夜看护母猪分娩和新生仔猪的过程中，懂得劳动的意义，培养劳动精神。
3. 通过救助假死仔猪，提升尊重生命、爱护动物的意识。

任务描述

按预产期推算，今天分娩舍将有11头母猪产仔，涉及母猪安全分娩、哺乳母猪饲养管理及初生仔猪护理等问题，我们将按照如图1-13和图1-14所示的内容完成学习任务。

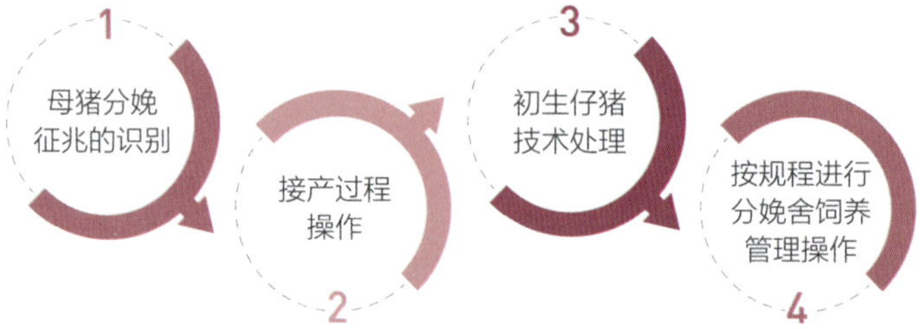

图1-13　“分娩舍生产”实施环节

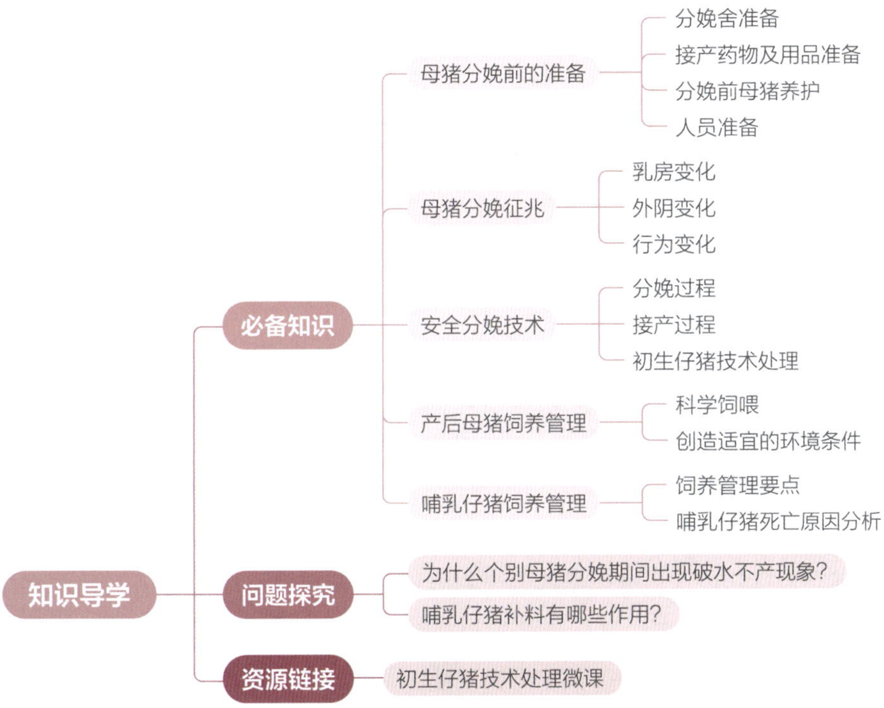

图1-14 “分娩舍生产”知识思维导图

课前准备

一、学习资源准备

通过网络获取GB 13078—2017《饲料卫生标准》。

二、完成预习任务

1. 阅读学习相关资源，了解哺乳仔猪的生理特点。
2. 查阅母猪七阶段饲养管理流程。

哺乳仔猪的生理特点

三、完成课前讨论

1. 完成《学情分析表》(附录一)。
2. 在线提出预习中存在的问题，并进行相关讨论。

知识链接

一、必备知识

（一）母猪分娩前的准备

1. 分娩舍准备

按预产期将母猪在分娩前1周转移至分娩舍，因此要对分娩舍进行消毒准备，提供保暖设施，使分娩舍室温在15～20℃。

2. 接产药物及用具准备

准备好接产所需1g/L高锰酸钾溶液、5%碘酒、催产素、止血药、凡士林油（难产或助产时用）等药品，准备好干净毛巾、水盆、秤、耳号钳、止血钳、剪刀、结扎线、注射器等用具。

3. 分娩前母猪养护

（1）待产母猪的护理　根据母猪预产期推算，在产前约一周把母猪转至分娩栏待产。母猪入舍前要进行淋浴，在适温下洗刷干净母猪的体表，然后再用煤酚皂溶液消毒猪体。

（2）产前饲喂　临产前5～7天的母猪改喂哺乳母猪料。产前2～3天适当减少喂料量，如果母猪表现饥饿，可给0.5kg的饲料。

4. 人员准备

分娩舍的工作人员数量约为配怀舍的2倍，要求3组轮流值班、昼夜护理。接产人员预先将指甲剪短、磨光，防止刮伤被接产的仔猪，手臂用煤酚皂溶液消毒。

（二）母猪分娩征兆

在妊娠期末，胎儿从母体生殖道产出前，母猪在生理和行为上会产生一系列变化，称为分娩征兆。根据分娩征兆可大体确定母猪的分娩时间，为接产准备提供信息。分娩征兆主要表现为以下几点。

1. 乳房变化

产前15天左右，母猪的乳房从后向前逐渐膨大下垂；产前4～5天母猪的乳房显著膨大，两侧乳房外张，呈潮红色，用手挤压乳头有少量稀薄的乳汁流出；产前3天乳头可分泌乳汁；若前排乳头挤出乳汁则24h左右可能分娩；若中间乳头挤出乳汁后则12h左右可能分娩；若后排乳头挤出浓乳汁后，3～6h内分娩；若轻轻挤压母猪的任意乳头都能挤出黄白色乳汁，马上就要分娩。

2. 外阴变化

产前1周，母猪外阴逐渐红肿松弛；产前3天，尾根下凹、臀部肌肉明显塌陷，尾根上下掀动时活动范围增大；产前1天，母猪阴门肿大、松弛呈紫红色，有黏液从阴门流出。

3. 行为变化

产前3天起卧行动稳重谨慎；产前1天母猪神经症状明显，起卧不安，经常翻身改变躺卧姿势；产前6～12h母猪将其垫草衔到睡床周围做窝或母猪产前有咬铁管的行为。如果母猪时起时卧，频频排尿，四肢伸展，用力努责，第一头仔猪即将分娩。

（三）安全分娩技术

1. 分娩过程

分娩是一个连续完整的过程，从子宫出现阵缩开始至胎衣排出为止。分为准备阶段、胎儿产出阶段和胎衣排出阶段。

2. 接产过程

一般情况下，母猪均能正常分娩，分娩时间多在夜间，需提前做好接产准备工作，并做好接产、助产和假死仔猪救护工作。

3. 初生仔猪技术处理

初生仔猪技术处理包括剪犬齿、断尾、仔猪编号、补铁、去势和称重等工作。

（四）产后母猪饲养管理

1. 科学饲喂

产前3天饲喂哺乳母猪专用料，并开始减料，渐减至日常量的1/3～1/2（2.0～2.5kg），每日每次可添加100g葡萄糖，分娩当日喂料量减至2kg；产后1周饲喂量平稳上料，每天多饲喂0.5kg，一天2次；第8天到断乳前1天，自由采食，根据料槽剩料情况每天增加0.25～0.5kg，如果剩料过多，把当天饲喂量减少0.5～1kg。上次饲喂后若有5%～8%的余料，说明饲喂量最适宜。

2. 创造适宜的环境条件

分娩后室温第1周27℃，第2周26℃，第3周24℃，第4周22℃。产房要保持干燥，产栏内只要有小猪，则不能用水冲洗，防止仔猪下痢。

（五）哺乳仔猪饲养管理

1. 饲养管理要点

（1）吃足初乳　母猪分娩后前3～5天分泌的乳汁称为初乳。初乳中蛋白质含量是常乳的3倍，维生素A、维生素D、维生素C比常乳高10～15倍，同时初乳中含有较多的抗体，因此，要求仔猪早吃初乳。

（2）固定乳头　仔猪有争夺乳头的习性，互相争斗、咬架，被咬的仔猪常伴有尖叫声，有时也咬伤母猪的乳头，导致母猪突然起身中止喂奶。仔猪出生后几小时就能凭借发达的嗅觉，分辨出自己吃过的乳头，一经认定至断乳时也不更换乳头，利用这一特性，在仔猪出生后2～3天内，采用人工固定仔猪乳头的办法。

（3）保证供温　仔猪保温箱适宜温度为初生36℃，体重2kg时30℃，4kg时29℃，6kg时28℃，6kg以上至断乳27℃，断乳后3周24～26℃。

（4）补充微量元素　仔猪出生后2天内，注射“铁牲素”铁剂1mL，或肌肉注射右旋糖苷铁或葡聚糖铁150～200mg；对于生长较快或吃料较晚仔猪，在仔猪14～20日龄时再补1次铁。缺硒地区应在仔猪生后3～5天时肌肉注射0.1%亚硒酸钠维生素E合剂0.5mL，14～20日龄时再注射1mL。

（5）防压防踩　值班人员负责产房内的巡视和看护，尤其是在母猪吃食、排放粪尿等起卧时，要防止压死仔猪。同时，要加强母猪产后护理，一旦发现仔猪被母猪压住，立即用力拍打母猪耳根，使其站起，及时救助被压仔猪。

（6）寄养与并窝　寄养是将仔猪过继给另一头母猪哺育。并窝是指将几窝仔猪合起来由一头泌乳能力好的母猪哺育。无论是寄养还是并窝，均需在寄入仔猪的身上涂抹代养母猪的尿液，或往全群仔猪身上喷洒有气味的物质，如煤酚皂溶液、酒精等，以混淆母猪嗅觉，使养母接纳被寄养或并窝的仔猪。

（7）开食补料　在仔猪出生后5～7日龄开始诱食补料。补料时要求料槽清洁、饲料新鲜、少添勤添。每天补料次数为4～5次（晚间补料1次）。

（8）预防下痢　下痢多发生在仔猪出生后1～3日龄和7～14日龄，其诱因多为受寒凉、日粮消化不良、细菌感染等。生产中采用“全进全出制”，保证饲粮配方全价而稳定，注意猪舍保温防寒来预防黄白痢的发生。

2. 哺乳仔猪死亡原因分析

（1）母猪方面原因

①弱胎：妊娠期母猪体质差、老龄化、窝产仔数过多、饲料发霉变质或营养不全等均会导致产出弱仔，体弱的仔猪生活能力差、抗病力差，易受各种应激而造成死亡。

②母乳不足：由于母猪营养不良，或患乳房炎或感染其他疾病导致营养摄入不足，造成产后少乳或缺乳，影响仔猪的发育和健康，严重者造成死亡。

（2）患病原因　由于哺乳期仔猪易消化不良、受寒凉、受大肠杆菌的侵害而发生仔猪黄、白痢，在寒冷季节还易感染传染性胃肠炎，导致仔猪死亡的比例高达26.1%。有的仔猪还因垂直传播传染病导致死亡，如细小病毒，伪狂犬等。

（3）饲养管理不善

①冻死：初生仔猪调节体温的生理机能不完善，被毛稀疏，皮下脂肪少，在保温条件差的猪场易被冻死。

②压死、踩死：由于母猪母性较差、产仔栏设计不合理、母猪产后患病、母猪因环境吵

闹导致脾气暴躁等原因导致弱小仔猪被压死和踩死的现象发生。

③饿死：母猪产后食欲不振，少乳或无乳，且通过催乳措施没有效果；或仔猪寄养不成功时，均可导致仔猪被饿死。

④咬死：仔猪在拥挤、空气质量不佳、饲粮中缺乏某些营养物质等多种应激条件下，会出现咬耳或咬尾恶癖，受伤的部位易受细菌感染，严重的会导致死亡；某些泌乳母猪母性差或产后口渴烦躁，会出现吃仔猪的现象；寄养不成功的仔猪，有时也会被寄养母猪咬死。

二、问题探究

1. 为什么个别母猪分娩期间出现破水不产现象？
2. 哺乳仔猪补料有哪些作用？

三、资源链接

初生仔猪技术处理微课

任务实施

规避风险提示

难产处理要及时得当。

一、母猪分娩征兆的识别

配图	识别内容	识别方法
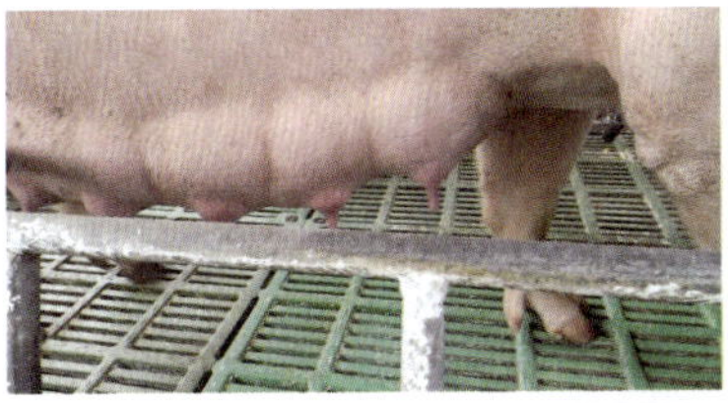	乳房变化	产前3～5天：显著膨大、外张，呈潮红色，用手挤压乳头有乳汁流出； 产前24h：前排乳头能挤出乳汁； 产前12h：中间乳头能挤出乳汁； 产前3～6h：所有乳头均能挤出黄白色乳汁
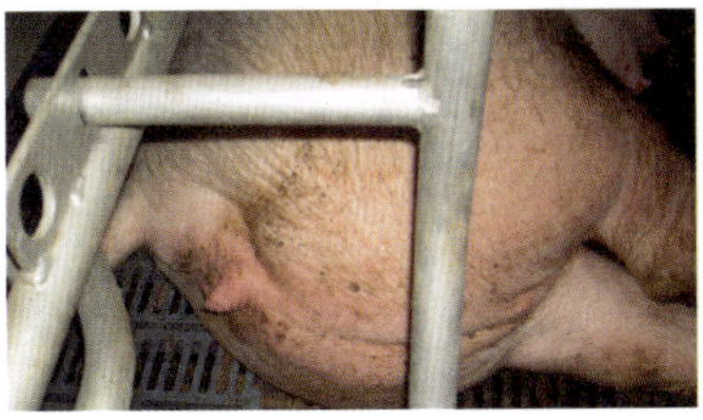	外阴变化	产前1周：红肿松弛； 产前3天：尾根下凹、臀部肌肉明显塌陷； 产前1天：阴门肿大、松弛，有黏液从阴门流出

配图	识别内容	识别方法
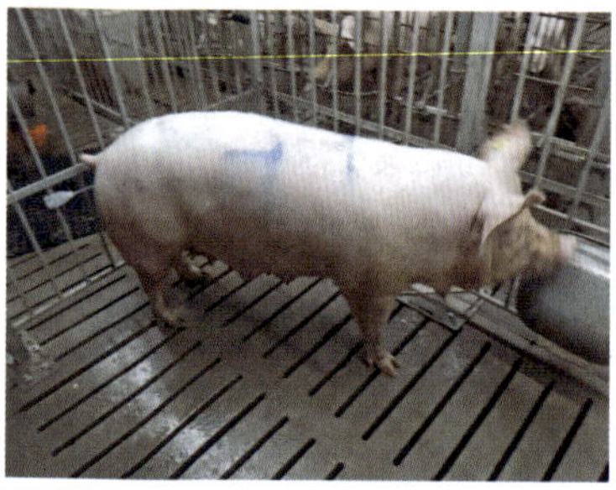	行为变化	产前3天：起卧缓慢； 产前1天：起卧不安，变换躺卧姿势； 产前6～12h：四肢伸展，用力努责，羊水从阴道内流出

二、接产过程操作

配图	接产步骤		接产操作
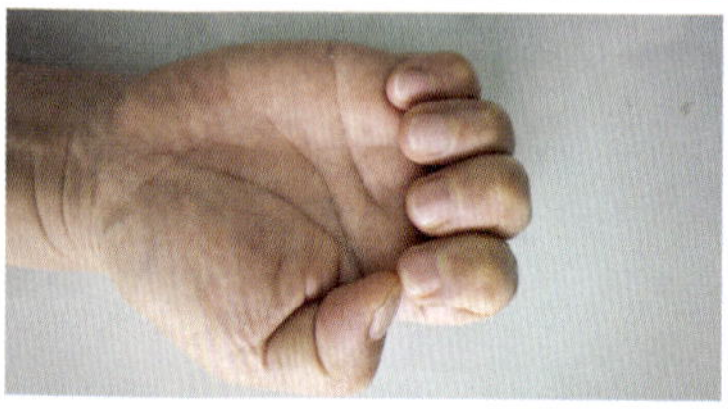	接产准备	检查指甲	接产人员的指甲需剪短磨光
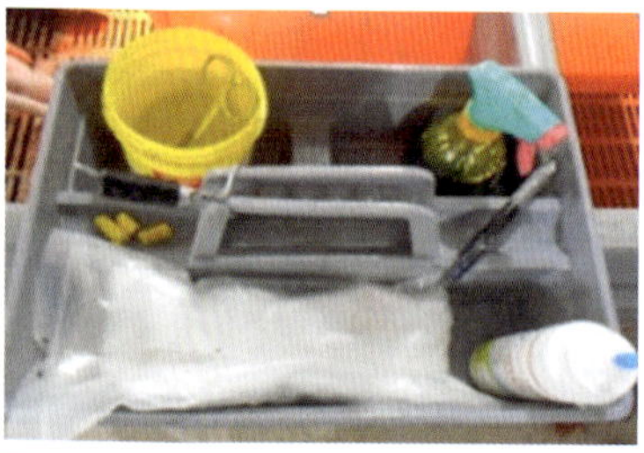		用具准备	准备长臂手套、润滑剂、消毒水、接生素、剪刀、秤等
		判断左右手	母猪卧姿：判断使用左手或右手助产
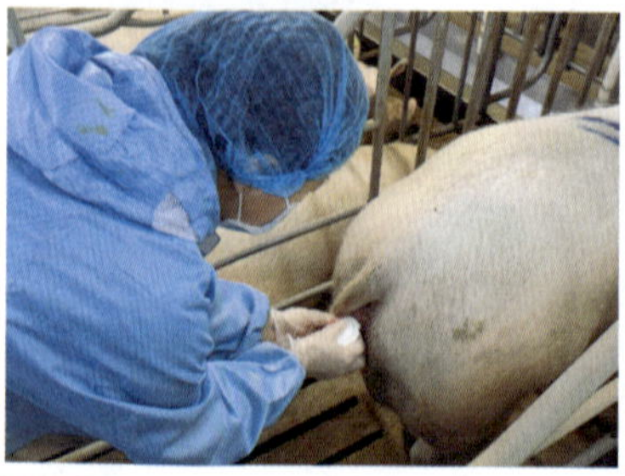		清洗外阴	母猪产前用温水清洗外阴

配图	接产步骤		接产操作
	接产准备	手臂清理	洗手，戴长臂手套，涂抹润滑剂
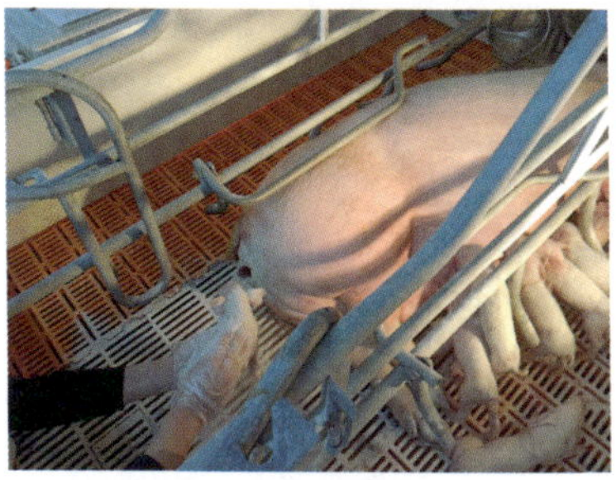	接产过程	擦干黏液	方法1：仔猪出生后用洁净的毛巾将口、鼻内的黏液掏除，擦干净，防止仔猪憋死或吸入液体呛死。 方法2：用干燥剂（密斯陀）涂擦仔猪皮肤，避免涂到头部
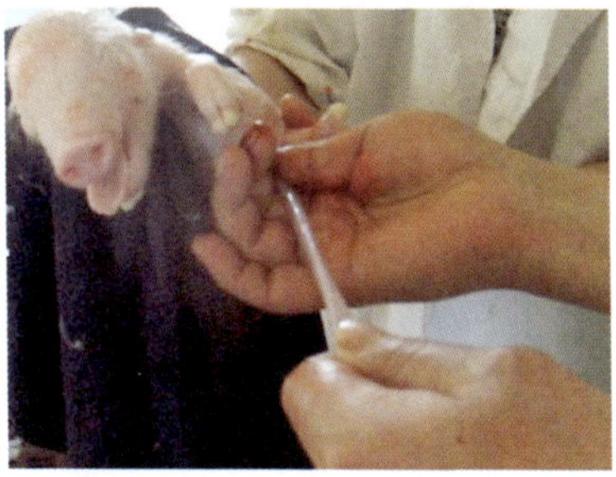		断脐	断脐前将脐带内的血液向仔猪腹部方向挤压，距腹部3～4cm处，用手指掐断或用剪刀剪断，剪断后稍微捏一会儿断端或用线结扎，直到不出血为止，然后用5%碘酒消毒
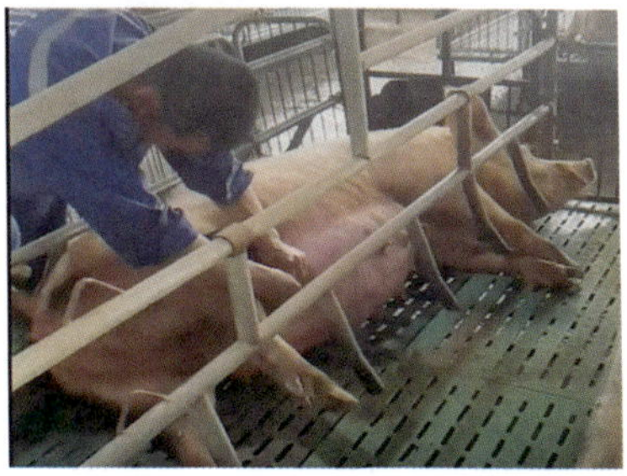		助产	助产：有羊水排出、强烈努责1h后仍无仔猪产出或产仔间隔超过1h即视为难产，需要助产。助产方法为“一按、二遛、三踩、四探、五输、六掏”。 一按：产仔间隔15min后未产仔的，按摩乳房30min
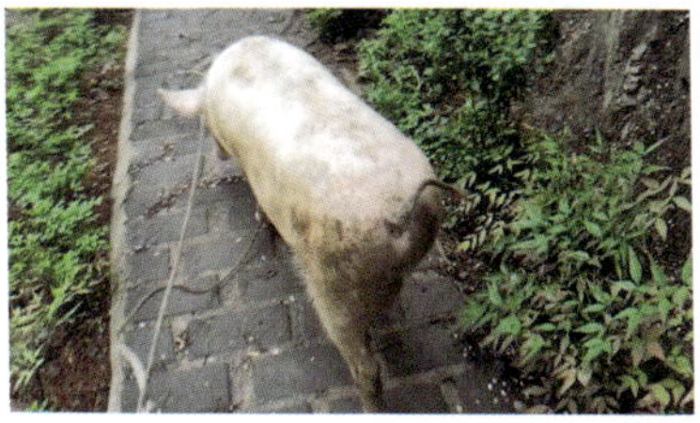			二遛：将超时尚未产仔母猪赶起站立，遛一遛，使胎位变动

<table>
<tr><th>配图</th><th colspan="2">接产步骤</th><th>接产操作</th></tr>
<tr><td>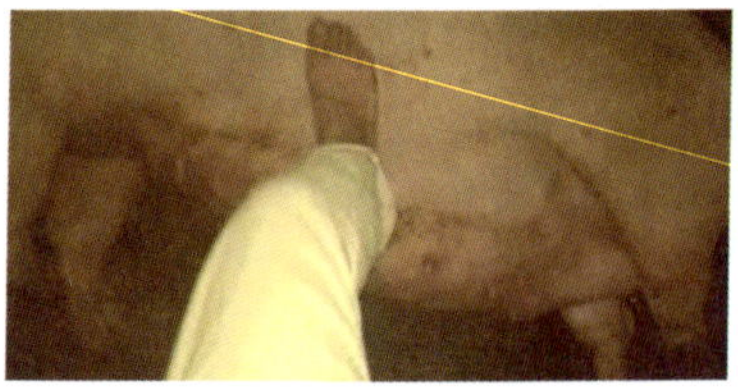</td><td rowspan="5">接产过程</td><td rowspan="4">助产</td><td>三踩：产仔间隔超过30min按摩乳房后母猪努责不产仔的，用脚踩母猪努责隆起的位置</td></tr>
<tr><td>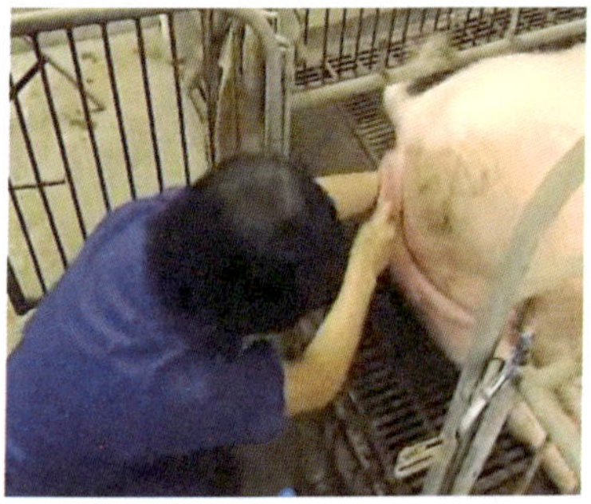</td><td>四探：产仔间隔超过40min，需用输精管探入产道，若还有仔猪在产道内但母猪努责无力，则需掏产</td></tr>
<tr><td>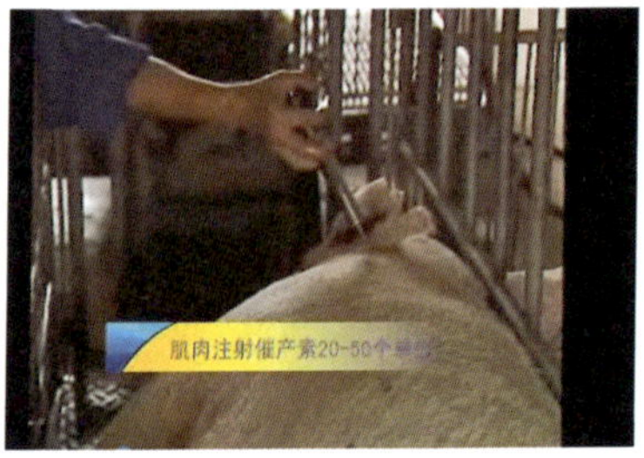</td><td>五输：如果探入产道后无仔猪，可注射2mL缩宫素并赶出限位栏遛5min</td></tr>
<tr><td>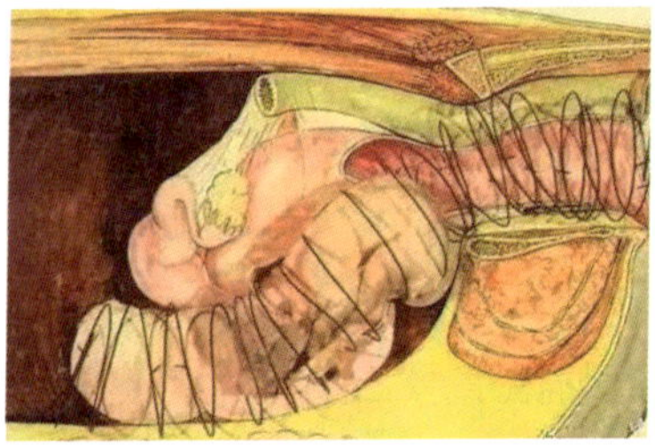</td><td>六掏：产道内若有仔猪，其他助产方法无效后仍无法产出的，采取掏产</td></tr>
<tr><td>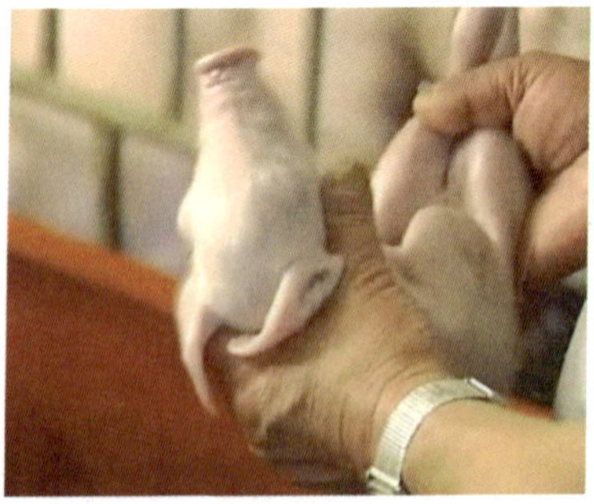</td><td>假死仔猪救护</td><td>倒提仔猪后腿，连续轻拍其胸部；或者用手托住仔猪的臀部和头颈，腹部向上，有节奏地进行屈伸</td></tr>
</table>

三、初生仔猪技术处理

配图	处理内容		处理方法
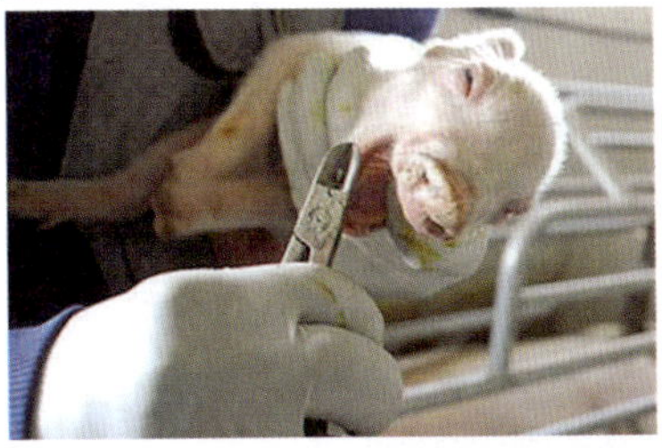	剪犬齿		用消毒的剪牙钳剪除仔猪8枚小的犬齿，也可以连齿基部一起剪除
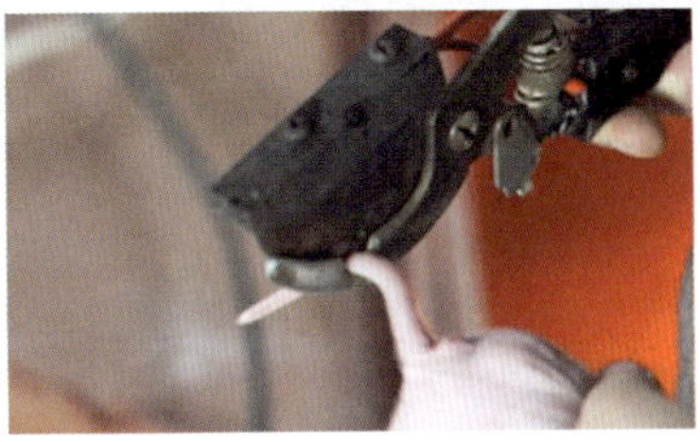	断尾		使用专用的断尾钳距离仔猪尾根2～3cm处剪断，断端用碘酊消毒
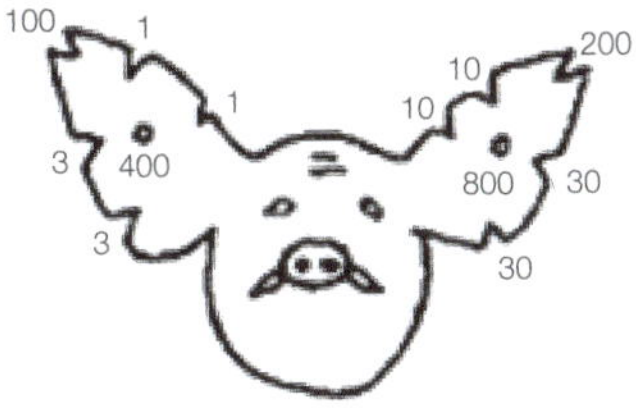	仔猪编号	剪耳法（大排法）	排号原则为左大右小，上1下3，公单母双，耳缺刻代表的数字相加为编号。左耳上缘缺刻为10，下缘为30，耳尖为200，耳中部为800和2000；右耳上缘缺刻为1，下缘为3，耳尖为100，耳中部为400和1000
		剪耳法（窝排法）	排号原则为左窝右号，上大下小，公单母双，左耳代表窝号，右耳代表个体号。左耳尖缺刻为200，左耳上缘近耳尖为10，中间为30，近耳根为50，左耳下缘相对应为1、3、5；右耳尖为100，上缘、下缘剪法与左耳相同，耳尖100代表窝数
		耳标法	用特制的耳标钳将耳标镶嵌在猪耳中部无血管处
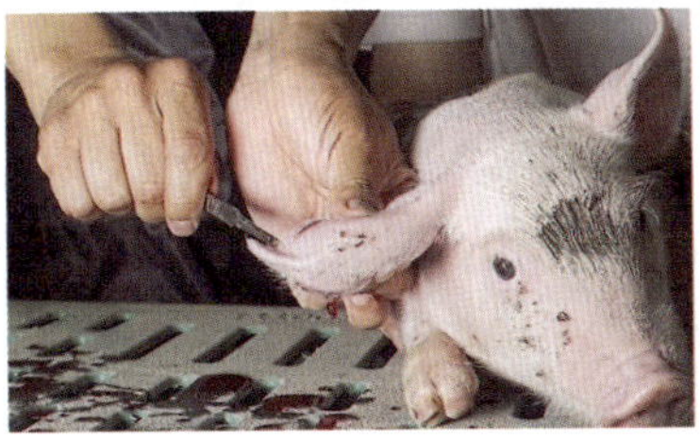	补铁		仔猪出生后2～3天补铁硒合剂1mL

配图	处理内容	处理方法
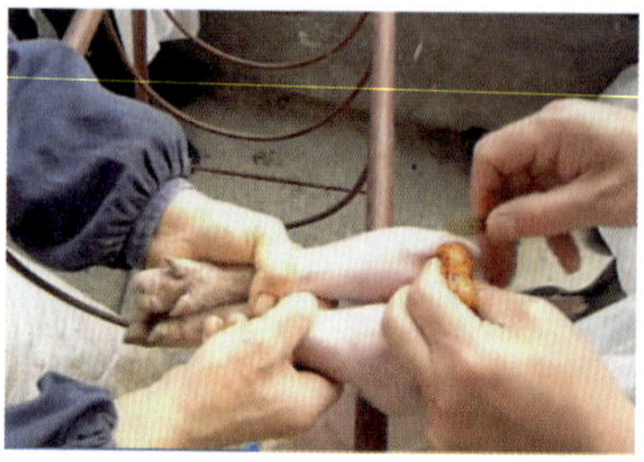	去势	去势时间：小公猪3~7日龄。 操作要领：去势时术者自行保定或使用专用的保定架，在左右睾丸表皮上各切1个小口，切口不宜太大，摘除睾丸后旋转断掉系带，然后用5%碘酊消毒
	称重	分别进行个体和全窝称重，称重后记录

四、按规程进行分娩舍饲养管理操作

（一）工作目标

（1）平均断乳成活率92%以上。

（2）仔猪28日龄断乳，个体重6.5~7.5kg。

（3）打耳号率（健仔率）98%以上。

（二）工作内容

1. 对空舍进行冲洗和消毒

冲洗包括水泥地面、漏缝网、木板栏壁。消毒包好插座；消毒所有物品并转走；彻底清扫产房并用高压冲洗机冲洗。消毒用30~50g/L氢氧化钠喷雾刷洗高床、栏位。

2. 给母猪和仔猪提供温暖、干燥、无贼风的环境

采取调节门窗及排气孔的开关、尽量减少冲圈次数等措施保持舍内温度。适宜温度为母猪18℃，新生仔猪35℃；出生后7天产房接近地面的温度在26℃。保温措施有设置保温箱、红外线灯，冬季封窗、封门。

3. 保证水料充足卫生

根据母猪哺乳期长短，提供不同饲料量，一天两次；仔猪生后7天开始补料；供料及时，仔猪料少给勤添，杜绝浪费；不喂发霉变质饲料。

水槽中的水保持在1/4以上的高度，若为乳头饮水器应保持水管中有洁净的水。

4. 执行产房内防疫制度

工作顺序总是从产房内相对干净区到最脏区；采取全进全出制；断乳后对产圈彻底冲洗消毒；每栋产房门前设置一个消毒池；遵守洗猪和断乳程序；及时处理每天的垃圾；及时处理每天的垃圾。

5. 做好母猪和仔猪预防与治疗工作

每天观察仔猪和母猪两次，及时发现健康隐患并采取治疗措施；对拉稀仔猪，发现一头，治疗一窝；每头病猪保持完整记录。

6. 打耳号、剪牙、断尾、补铁

仔猪出生后12～24h之内必须打耳号、剪牙、断尾；仔猪出生后2～3天补铁硒合剂1mL。

7. 执行每周断乳程序

常规按4周龄断乳；仔猪称重；全进全出，弱小仔猪留下，用代养母猪寄养；评价每头断乳仔猪，并标记淘汰；疫苗注射。

8. 设备维修

每天检查产房设备，自己或通知车间主任维修；掌握各种设备的使用方法，如清洗机等；正确使用设备。

9. 准确及时的记录

保证产房表格的完整性和持续性；完成每天的记录工作；及时上交日报，字迹工整。

10. 保证产房清洁

产房每天都要进行清扫，过道一般不要用水冲，保持产房干燥；产房用品应放置在固定位置，药品工具不得乱摆乱放；及时清除每日的垃圾；清洁公共通道卫生。

（三）工作时间

日班工作时间：7：30—17：30，中午轮班就餐。

夜班工作时间：17：30—翌日7：30，轮班休息。

对于已分娩母猪，需要检查环境条件是否适宜并及时调整、母猪与仔猪健康是否正常并及时处理；观察母猪饲喂、哺乳和仔猪补饲情况；及时进行舍内消毒与卫生清理，对初生仔猪进行打耳号、剪牙、断尾、补铁等技术处理。

对于对待产母猪，需要检查分娩征兆、准备接产用具、随时接产，仔猪处理，母猪护理。

（四）操作规程

（1）产房工作流程：产圈的冲洗消毒→ 空闲→ 洗猪→接猪→ 母猪喂料→产前准备→接产→产后护理及处理→仔猪补料→断乳。

（2）备好治疗盒、接产用具和药品等，进产房前，换消毒盆中的消毒水，并消毒靴子；查询并记住当天日期。

（3）注意进产房的第一感觉，即热和冷、安静或吵闹、空气是否新鲜等；检查乳头饮水器、食槽及保温设备是否有损坏，对产房的不适环境进行调节。

（4）让每头猪都站立起来，记录不能站立的猪；观察仔猪和母猪情况。每天都要从第一圈开始，记录不正常的母猪和仔猪，对症治疗并记录。

（5）消除剩料，根据分娩日期不同对母猪饲喂不同饲料量。

（6）产房打扫卫生，清粪、消毒。从最干净区到最脏区的顺序进行工作。

（7）随时观察母猪分娩征兆，并及时进行接产，必要时助产。

（8）将死胎、胎衣、死猪等清出圈外，无公害处理，并做好死胎（亡）记录。

（9）分娩产房照看好母猪和仔猪，防压防踩，调整好保温设备，供给适宜的温度，并做好记录。

（10）了解仔猪日龄，出生后7天开始给仔猪补料。

（11）提前对接产用具及兽医器械进行消毒。

（12）填写分娩记录和日报表。

学业评价

“分娩舍生产”学业考核评价表

专业班级：　　　　　　　姓名：　　　　　　　考核时间：

评价方式	考核内容		评分标准	配分	得分	备注
自我评价（15%）	必备知识	母猪分娩前的准备	了解清扫消毒分娩舍的方法，计1分；掌握接产所需药物及用品，计1分；理解分娩前母猪减料的作用，计1分；知道分娩舍人员配额，计1分	4		通过学银在线进行自我评价
		母猪分娩征兆	掌握观察母猪分娩征兆方法，计1分	1		
		安全分娩技术	熟悉分娩过程，计2分；熟悉接产过程，计2分；掌握初生仔猪技术处理项目，计1分	5		
		产后母猪饲养管理	掌握科学饲喂产后母猪方法，计1分；了解产后母猪环境条件卫生标准，计1分	2		
		哺乳母猪饲养管理	掌握哺乳仔猪饲养管理要点，计2分；熟悉哺乳仔猪死亡的原因，计1分	3		

续表

评价方式	考核内容		评分标准	配分	得分	备注
教师学业评价（50%）	任务实施	母猪分娩征兆的识别	能依据乳房变化、外阴变化及行为变化识别母猪分娩征兆，计3分	3		按任务达成程度进行评价
		接产过程操作	能做好接产的五项准备工作，计5分；会进行助产的六种方法，计6分；能及时擦干刚出生仔猪身上的黏液，计3分；会给仔猪断脐，计3分；会进行假死仔猪急救，计3分	20		
		初生仔猪技术处理	会剪除仔猪犬齿，计5分；会给仔猪断尾，计5分；会采用剪耳法和耳标法给仔猪进行编号，计6分；会给仔猪注射补铁剂，计3分；能按规范给仔猪去势，计3分	22		
		按规程进行分娩舍饲养管理	能按产房工作流程完成分娩舍的工作任务，计5分	5		
学生互评（35%）	学习过程考核	课前	参加学习资源准备，计5分；完成预习任务，计5分；参与课前讨论，计5分	15		组间互评
		课中	严格遵守课堂纪律，计2分；有秩序地实施任务，并按时完成，计3分；积极参加问题探究，计2分；善于发现并解决任务实施过程中的问题，计3分；与小组成员通力合作，互相支持，计2分；在线抢答问题且正确，计3分	15		组间互评
		课后	查询仔猪黄痢危害原因，计3分；及时清扫学习场所卫生，计2分	5		组间互评
总计				100		—

注：90分及以上为优秀等级；75～89分为良好等级；60～74分为合格等级；60分以下为不合格。

课后拓展

- 查询资料，写出仔猪黄痢病的危害性，并传至学银网作业栏中。

仔猪黄痢病的危害性

自测练习

1. 母猪分娩前乳房的变化为（　　）。

   A. 在分娩前15天，乳房肿胀　　B. 分娩前3天，乳头向两外侧开张

   C. 产前1天，能挤出乳汁　　D. 产前12h，可从前面乳头挤出少量乳汁

   E. 产前10h，任何一个乳头都能挤出又浓又稠的乳汁

2. 母猪临产前行为的表现为（　　）。

   A. 不安静　　B. 时起时卧

   C. 在圈内来回走动　　D. 衔草做窝

   E. 排尿频繁

3. 母猪发生难产的原因有（　　）。

   A. 骨盆发育不全　　B. 产道狭窄

   C. 胎位异常　　D. 胎儿过大

   E. 母猪过肥

4. 母猪分娩的过程包括（　　）。

   A. 开口期　　B. 胎儿娩出期

   C. 胎衣排除期　　D. 初生仔猪助产期

   E. 假死仔猪急救

5. 接产前需要准备的用品有（　　）。

   A. 剪刀　　B. 长臂手套

   C. 秤　　D. 润滑剂

   E. 药品

任务六　保育舍生产

学习目标

知识目标

1. 了解仔猪早期断乳的优点。
2. 熟悉仔猪早期断乳的方法。
3. 分析僵猪产生的原因。
4. 掌握预防僵猪产生的措施。
5. 掌握保育猪分阶段饲养要点。
6. 掌握保育猪的管理技术。

技能目标

1. 会对21日龄的仔猪采取一次性断乳操作。
2. 会饲喂保育猪。
3. 会鉴别僵猪。
4. 能完成保育猪的日常管理操作。

素养目标

1. 通过学习仔猪断乳方法，培养认真、负责、积极的职业态度。
2. 在完成保育猪日常管理工作中，培养艰苦环境中工作的适应能力。
3. 通过分析僵猪产生的原因，树立防重于治的理念，提升健康养殖意识。

任务描述

保育舍近期将转入360头仔猪。那么，仔猪如何断乳，如何进行饲养管理呢？您作为该舍技术员，将带领我们按图1-15和图1-16所示的内容完成学习任务。

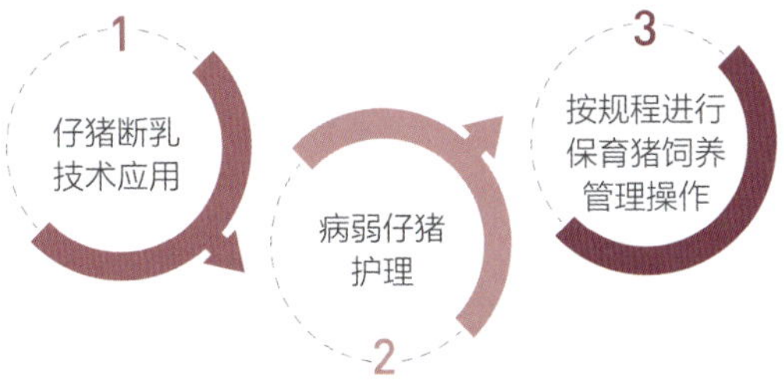

图1-15　“保育舍生产”实施环节

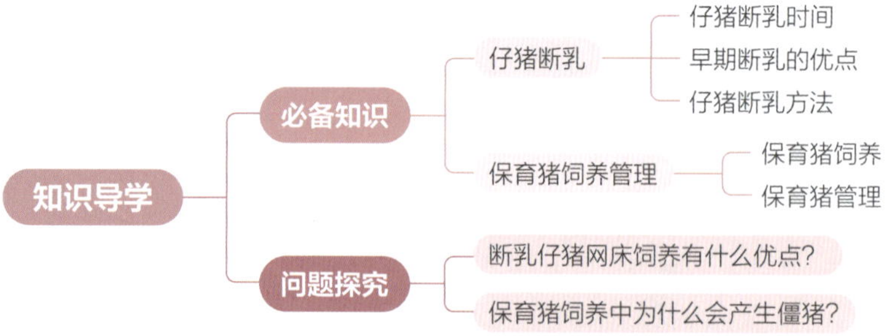

图1-16 “保育舍生产”知识思维导图

课前准备

一、学习资源准备

通过网络获取GB 13078—2017《饲料卫生标准》。

二、完成预习任务

1. 阅读学习相关资源，了解保育猪的生理特点。
2. 查阅什么是保育猪。

保育猪的生理特点

三、完成课前讨论

1. 完成《学情分析表》(附录一)。
2. 在线提出预习中存在的问题，并进行相关讨论。

知识链接

一、必备知识

(一) 仔猪断乳

1. 仔猪断乳时间

目前，国内规模化养殖场多在21～28日龄时断乳，只要仔猪每日能采食200～300g日粮时即标志仔猪有较成熟的消化系统，则可断乳。

2. 早期断乳的优点

早期断乳具有提高饲料利用率、提高仔猪增重速度、提高母猪生产力、减少仔猪疾病和提高分娩猪舍和设备的利用率等优点。

3. 仔猪断乳方法

常用断乳方法有4种，即一次性断乳法、早期隔离断乳法、分批断乳法和逐渐断乳法。规模化猪场多采用一次性断乳法和早期隔离断乳法，规模较小的猪场或养殖户多采用分批断乳法和逐渐断乳法。具体采用哪种方法要根据具体情况灵活运用。

（二）保育猪饲养管理

1. 保育猪饲养

采用阶段日粮分为三个阶段饲养。

第一阶段：断乳至8～9kg体重，采用哺乳仔猪料。

第二阶段：从8～9kg至15～16kg体重，采用仔猪料，日粮仍需高营养浓度、高适口性、高消化率，消化能3300～3400kcal/kg，粗蛋白18%～19%，赖氨酸1.20%以上。

第三阶段：从15～16kg至25～26kg体重。由于该阶段仔猪消化系统已趋于完善，适当地减少消化能和粗蛋白供给量，注意氨基酸的平衡。一般情况下，消化能3200～3300kcal/kg，粗蛋白17%～18%，赖氨酸1.05%以上。

2. 保育猪管理

（1）合理分栏组群　仔猪断乳后1～2天很不安，经常嘶叫寻找母猪，尤其是夜间更甚。为了稳定仔猪不安情绪，减轻应激，最好采取不离开原圈，不混群并窝的“原圈培育法”。

（2）提供适宜的环境　保育室大环境适宜温度为22～26℃，猪体周围小环境温度为刚断乳时给温28～30℃；断乳后7～14天给温26～28℃；断乳后3～4周内，舍内温度控制在24～26℃；断乳5周后，舍内温度控制在20～22℃。

（3）网床培育　保育猪通常采用网床（保育栏）饲养方式，相邻两栏在间隔处设有一个自动食槽，供两栏仔猪自动采食，每栏安装一个乳头饮水器。保育栏常用的规格为栏长2m，栏宽1.7m，栏高0.6m，可养10～25kg的仔猪10～12头。

（4）预防疾病　保育猪阶段是易患易感病菌的高发期，仔猪应按照免疫程序注射疫苗，预防僵猪的产生，学会识别病弱仔猪并做好特殊护理工作。

二、问题探究

1. 断乳仔猪网床饲养有什么优点？
2. 保育猪饲养中为什么会产生僵猪？

任务实施

规避风险提示

科学免疫接种，把好防疫关。

一、仔猪断乳技术应用

1. 仔猪断乳具体时间的确定

（1）体重需达标　3周龄末时体重达到5kg，可以在21日龄断乳；若3周龄体重低于5kg，则推迟断乳时间。饲养到4周龄末时体重达5～6kg，可选择28日龄断乳。

（2）仔猪对饲料的采食能力　仔猪断乳前对饲料应有一定的采食能力，一般仔猪断乳时每天干饲料采食量在150g以上方可进行断乳。

（3）断乳后饲养管理条件适宜　猪舍温度不宜低于26℃，应做到温暖干燥。断乳后仔猪应原圈留养，饲料配方需保证满足仔猪的营养需要，保证饲料的全价性。

（4）仔猪健康状况良好　断乳时仔猪必须健康无疾。

（5）免疫和阉割期间不宜断乳　免疫注射和阉割后若断乳，则应激程度十分严重，不仅会影响免疫效果，而且很难使仔猪顺利渡过断乳难关。

2. 仔猪断乳方法选择

配图	方法选择	操作过程
	一次性断乳法	准备工作：断乳3天前减少母猪的饲喂量，以降低泌乳量。 操作方法：在仔猪预定断乳日期当天，将母猪与仔猪立即分开
	早期隔离断乳法	准备工作：按程序进行妊娠晚期健康的母猪免疫接种。 操作方法：仔猪特定疾病的抗体消失前，而自身抗体即将形成时（3周龄末）实行断乳
	分批断乳法	准备工作：了解仔猪的发育情况、用途。 操作方法：分批陆续断乳。通常将一窝中发育好、体重大或拟作肥育用的仔猪先断乳。将窝中个别瘦小的仔猪或拟作种用仔猪集中起来，挑选一头泌乳性能好的断乳母猪让其再哺乳1周

配图	方法选择	操作过程
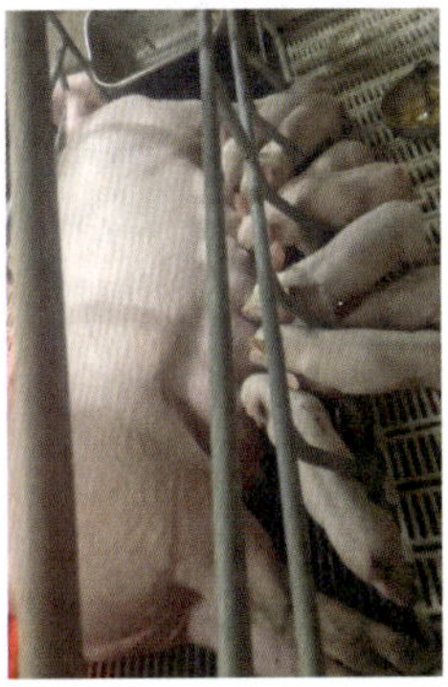	逐渐断乳法	准备工作：选好母猪另外圈舍。 操作方法：断乳前5～7天，把母猪赶到另外的圈舍与仔猪隔开，然后每天定时放回原圈，逐日递减哺乳次数并减少母猪的饲喂量

二、病弱仔猪护理

1. 病弱仔猪识别

配图	病弱仔猪	识别方法
	跛脚	走路跛行或关节肿大
	腹泻	排出黄色或白色稀便
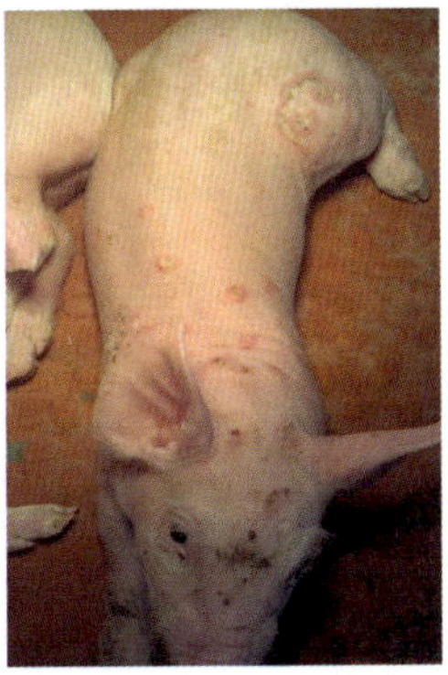	皮肤病	—

配图	病弱仔猪	识别方法
	瘦弱	四肢无力，浑身颤抖，行动迟缓，苍白贫血，个体消瘦
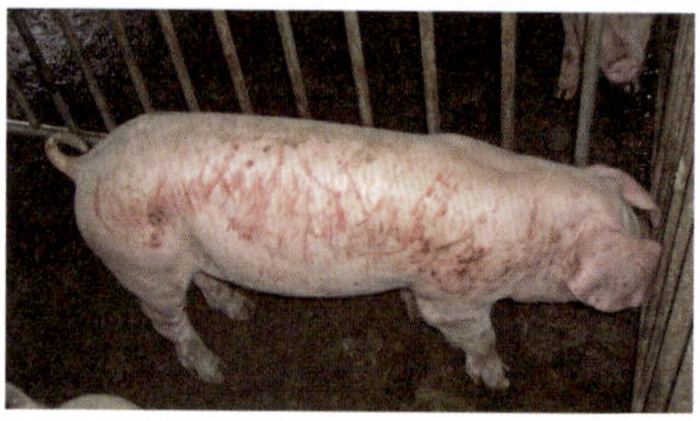	擦伤	关节伤口感染
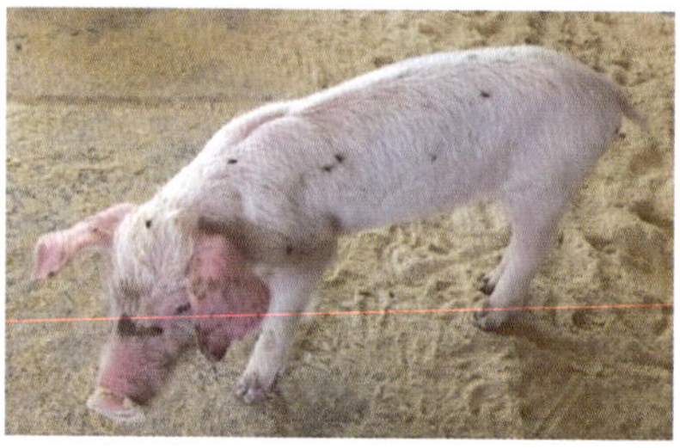	精神状态不佳	尾巴：健康猪频频摆动，上举，卷曲；病弱猪不动，下垂。 耳朵：健康猪耳朵光滑，对声音反应灵敏，手摸温热；病弱猪，耳根发热或冰冷，发绀，肿胀。 吻突：健康猪湿润，清洁，微小汗珠；病弱猪干燥，开裂，有鼻液。 眼睛：健康猪有神，明亮；病弱猪无神，红，流泪，有眼眵。 声音：健康猪清脆；病弱猪叫声嘶哑，哀鸣

2. 病弱仔猪护理

产生原因	病弱仔猪表现	护理或治疗方法
母猪饲养管理不当	整窝仔猪营养性腹泻	控制母猪采食，排便通乳，抗菌消炎
	整窝仔猪瘦弱	合理寄养，添加乳粉，制作粥料
仔猪饲养管理不当	出生时弱仔未及时护理调栏导致个体消瘦生长缓慢	及时合理调栏，往回寄养，集中弱仔寄养人工辅助吃初乳
	后期因窝均整齐度不一导致同窝个别弱仔导致个体消瘦生长缓	及时合理调栏，交替寄养，集中弱仔寄养
	诱水，诱料方法不当，导致仔猪呕吐，腹泻	少喂勤添
技术性操作失误	接产不及时，产生弱仔导致四肢无力苍白、浑身颤抖，行动迟缓	及时规范接产，做好保温，人工辅助吃初乳
	护理不当导致四肢无力、苍白贫血	补铁，人工辅助吃初乳
	去势或断尾不当导致跛腿，伤口感染	创口清创，抗菌消炎
	人为应激，如抓猪、注射、手术、药物引起皮肤发红、呼气困难、皮肤变色	饮水中加入维生素C；注射肾上腺素

三、按规程进行保育猪饲养管理操作

（一）工作场景设计

在乡村振兴工作中，有一家小型猪场近三年保育猪成活率平均为89.5%，为了加强饲养管理水平，提高保育猪的成活率，该场负责人通过本镇畜牧兽医站找到我们服务小组，请求帮助编制保育猪饲养管理操作规程。

（二）工作目标

确保成活率97%以上；7周龄转出仔猪15kg以上；9周龄转出体重20kg以上；人均饲养量500头。

（三）工作日程

6：00—7：30　巡栏、治疗；

7：30—8：30　清理料槽、喂饲；

8：30—11：00　清理卫生、其他工作；

14：00—15：00　巡栏、治疗；

15：00—17：00　清理卫生、其他工作；

20：00—20：30　巡栏、问题记录。

（四）操作规程

（1）转入仔猪前，空栏经过彻底冲洗、消毒，保证消毒后空栏7天再进猪。

（2）检查猪栏设备及饮水器是否正常，不能正常运行的设备要及时维修。

（3）猪栏做好批次记录，猪群转入后立即进行调整，按大小、强弱及公母分栏饲养，猪群的分布注意特殊照顾弱小猪。病猪及时隔离饲养，无治疗价值的病残猪要及时淘汰。

（4）刚转入的保育仔猪，诱导其饮水；在料槽附近撒上少量饲料，诱导仔猪吃料，前2天注意限料，之后少喂勤添，逐渐过渡到自由采食。同时，转群前后饲料品种一致，以防消化不良引起下痢。夏季高温高湿，饲料保鲜时间较短容易发霉变质，应准备充足干净新鲜的饲料，建议少量多餐，每天宜喂4～5次。保持料槽清洁卫生，每天必须清理一次且不留饲料残渣。

（5）按季节保温变化，做好通风换气、防暑降温及防寒保温工作，注意舍内有害气体浓度，保持适宜的环境条件。要求保育舍大环境最适宜温度为22～26℃，小环境温度为24～28℃。

（6）保持圈舍卫生，加强猪群调教，训练猪群吃料、睡觉、排便“三点定位”。尽可能不用水清洗有猪的猪栏。

（7）第1周，饲料中添加电解多维等抗应激药物和替米考星、泰万菌素、支原净、强力霉素等抗生素，预防链球菌、副猪嗜血杆菌等引起的疾病。1周后开展体内驱虫工作，按免疫程序进行疫苗预防接种，每猪一个针头，做好消毒工作。

（8）清理卫生时注意观察猪群排粪情况，喂料时观察食欲情况，休息时检查呼吸情况，发现异常情况及时处理，防重于治。

（9）根据需要用有机酸或复合益生菌开展带猪消毒，维持猪舍和猪群微生态平衡。原则上不用化学消毒药带猪消毒，特殊情况下可以用过硫酸氢钾等化学消毒药液带猪消毒，但要注意猪舍的湿度和化学消毒药对猪鼻腔黏膜的损伤。

（10）饲养人员减少进入猪栏的频率，进入圈舍人员必须严格消毒与防护。

（11）仔猪断乳后将面临环境应激、心理应激及营养应激，这些应激会导致仔猪的健康状况下降，抵抗力减弱，造成仔猪断乳腹泻，生长缓慢或者育成率不高。为防止环境变化引起仔猪应激，仔猪断乳后可将母猪赶离产床，仔猪仍然在产床饲喂7～10天为防止心理应激和营养应激，尽量不更换饲养人员和饲料，并结合饲料类型和饲喂方式经过6～7天过渡。可以采用温水浸泡饲料并添加一些乳制品、抗菌肽、酶制剂、葡萄糖，以提高饲料的适口性。也可以在饮水中添加多维抗应激。

（12）转群1周后，仔猪状况稳定后，需要进行科学免疫。免疫结束进行全群驱虫。

学业评价

“保育舍生产”学业考核评价表

专业班级：　　　　　　姓名：　　　　　　考核时间：

评价方式	考核内容		评分标准	配分	得分	备注
自我评价（15%）	必备知识	仔猪断乳	掌握现代化养猪场仔猪断乳时间，计1分；了解早期断乳的优点，计2分；能说出仔猪断乳的4种方法，计2分	5		通过学银在线进行自我评价
		保育猪饲养管理	掌握保育猪不同阶段及体重的饲料选择，计2分；掌握保育猪的饲养方法，计3分；掌握保育猪管理要点，计3分；掌握预防僵猪产生的措施，计2分	10		
教师学业评价（50%）	任务实施	仔猪断乳技术应用	能依据保育猪的体重标准、食料能力、断乳后饲养管理条件、健康状况、应激预测情况确定断乳时间，计15分；能正确选择仔猪断乳方法，计5分	20		按任务达成程度进行评价

续表

评价方式	考核内容		评分标准	配分	得分	备注
教师学业评价（50%）	任务实施	病弱仔猪护理	能看图识别病弱仔猪，计5分；能发现母猪和仔猪饲养管理不当的原因并采取恰当的护理方法，计5分；能依据技术性操作失误的具体情况，进行仔猪护理，计5分	15		按任务达成程度进行评价
		按规程进行保育猪饲养管理操作	能按工作场景要求，制订保育猪饲养工作日程，计5分；能编制保育猪的饲养管理操作规程，计10分	15		
学生互评（35%）	学习过程考核	课前	参加学习资源准备，计5分；完成预习任务，计5分；参与课前讨论，计5分	15		组内互评
		课中	严格遵守课堂纪律，计2分；有秩序地实施任务，并按时完成，计3分；积极参加问题探究，计2分；提出生产中常见的问题，计3分；完成小组分配的任务，计2分；在线抢答问题且答案正确，计3分	15		组间互评
		课后	查询断乳仔猪转群时注意事项，计3分；卫生清扫清洁到位，计2分	5		组内互评
总计				100		—

注：90分及以上为优秀等级；75～89分为良好等级；60～74分为合格等级；60分以下为不合格。

课后拓展

- 网上查找断乳仔猪转群时的注意事项，并传至学银网作业栏中。

自测练习

（　　）1. 现代养猪生产，仔猪断乳日龄为21～28天。

（　　）2. 常用的断乳的方法为逐渐断乳法。

（　　）3. 仔猪断乳后应该留在原圈饲养1周左右。

（　　）4. 仔猪断乳后先限量饲喂再自由采食。

（　　）5. 转入仔猪前，空栏经过彻底冲洗和消毒后马上可以进猪。

任务七 育肥舍生产

学习目标

知识目标

1. 熟悉肉猪生产工作目标。
2. 了解肉猪适宜的料型、料量和饲喂次数。
3. 掌握育肥猪适宜的环境条件要求。
4. 了解驱虫时间、药品名称及剂量。
5. 理解适时出栏要考虑的因素。
6. 熟悉国家标准规定无害肉猪生产要求。

技能目标

1. 会进行“三定位”管理操作。
2. 会肥猪屠宰过程操作。
3. 能正确测定猪的肉质性状指标。

素养目标

1. 通过无公害猪生产知识的学习，懂得无公害猪生产的意义，树立无害猪养殖责任意识。
2. 通过对注水肉的认识，养成诚实守信的职业品质。

任务描述

作为跟岗实习的学生，今天我们来到某企业育肥猪舍进行理实一体学习。根据GB 13078—2017《饲料卫生标准》、NY/T 388—1999《畜禽场环境质量标准》、NY/T 5030—2016《无公害食品　兽药使用准则》、NY 5032—2006《无公害食品　畜禽饲料和饲料添加剂使用准则》等要求，我们将按照图1-17和图1-18所示的内容完成学习任务。

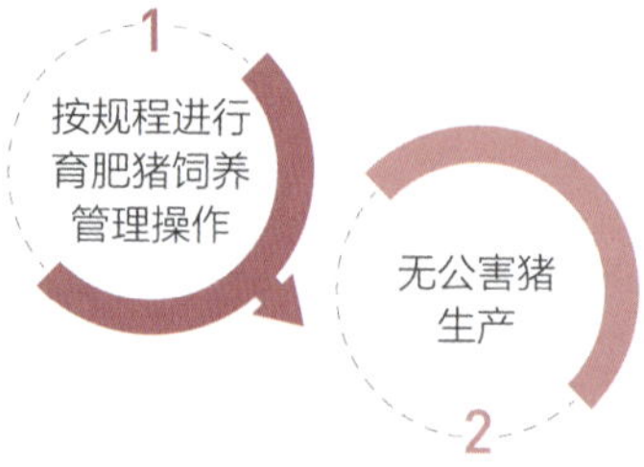

图1-17 “育肥舍生产”实施环节

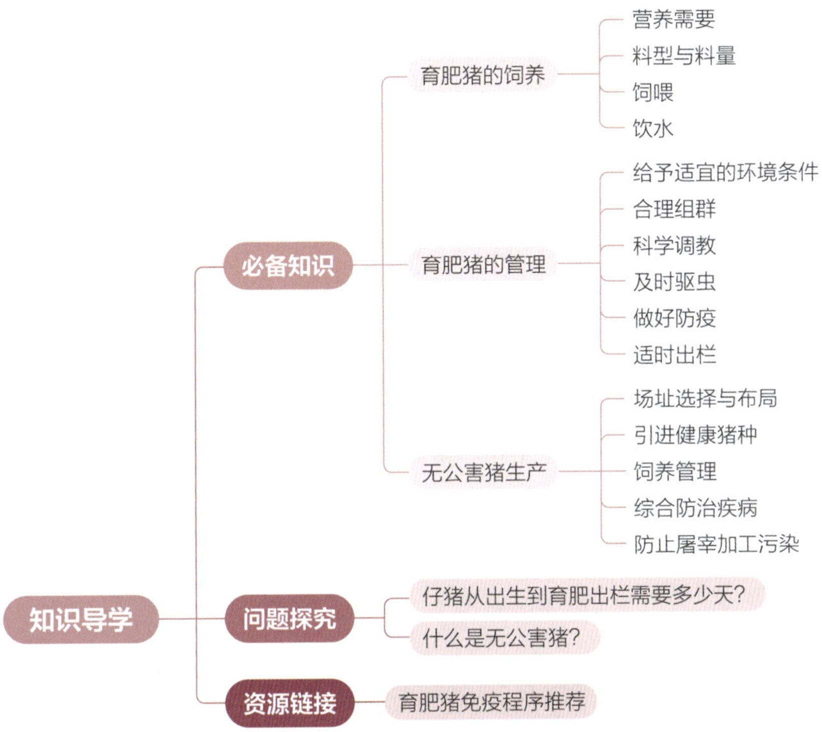

图1-18 “育肥舍生产”知识思维导图

课前准备

一、学习资源准备

通过网络获取NY 5032—2006《无公害食品 畜禽饲料和饲料添加剂使用准则》、GB 13078—2017《饲料卫生标准》、NY 467—2001《畜禽屠宰卫生检疫规范》。

二、完成预习任务

1. 阅读学习相关资源，了解肉猪的饲养阶段。
2. 查阅肉猪生产工作目标。

三、完成课前讨论

1. 完成《学情分析表》(附录一)。
2. 在线提出预习中存在的问题，并进行相关讨论。

知识链接

一、必备知识

（一）育肥猪的饲养

1. 营养需要

为保证饲料良好的适口性和较高的消化率，生长育肥猪饲料中粗纤维含量应控制在6%~8%。

2. 料型与料量

料型种类有干粉料、湿拌料（干粉料按料水1：1的比例混合而成）和颗粒料。在配制生长育肥猪饲料时，粉碎细度以微粒直径1~2mm为宜，育肥猪则以2~3mm为宜。

一头体重为10~20kg的猪，每增重1kg平均需饲料1.8kg。如果一头90kg的猪，每增重1kg平均需饲料5kg。

3. 饲喂

生长育肥猪可采用自由采食或顿喂的饲喂方法。体重为20~35kg时每天饲喂4次为宜；体重为35~60kg时，每天宜饲喂3次；体重50kg以上，每天可饲喂2~3次。每次饲喂间隔尽量保持均衡，肉猪日喂量及预期日增重见表1-5。

表1-5　肉猪日喂量及预期日增重

体重/kg	日喂混合精料/kg	预期日增重/g
20~35	1.5	500
35~60	2.0	600
60~90	2.8	800

资料来源：李立山等．猪生产［M］．北京：中国农业出版社，2011.

4. 饮水

冬季里猪的饮水量是采食风干饲料量的2~3倍或其体重10%，而夏季则是采食风干饲料量的5~6倍或其体重23%，春秋季其正常饮水量则为采食风干饲料量的4倍或体重的16%。

（二）育肥猪的管理

1. 给予适宜的环境条件

获得最高日增重的适宜温度为20℃和相对湿度平均为50%（45%~65%）；对于通风换气，要求冬、春、秋空气流速应为0.2m/s，夏季为1.0m/s。每头肉猪换气量，冬季为45m^3/h，春秋季为55m^3/h，夏季为120m^3/h。肥育舍对饲养密度要求为：当猪只体重为20～45kg时，每头猪占地0.3～0.4m^2；体重为45～70kg时，每头猪占地0.5～0.8m^2；当体重为70～100kg时，每头猪占地则需要0.9～1.2m^2。

2. 合理组群

育肥猪多采用群养。通常按体重大小、强弱、性别进行组群。组群时把体重、身体状况、采食等方面相近、头数相等、强弱相当的猪并群到新猪栏中；每栏以10～20头为宜。

3. 科学调教

肉猪重新组群后，吃食、卧位、饮水、排泄区尚未形成固定位置，所以要加强调教训练，使其形成理想的采食、睡卧和排泄"三定位"习惯。

4. 及时驱虫

育肥猪的寄生虫主要有蛔虫、姜片吸虫、疥螨和虱子等体内外寄生虫，主要危害3～6月龄的猪。一般一个育肥期驱虫2次，第一次在90日龄时驱虫，第二次在135日龄时驱虫。驱虫药比较多，要选择高效、安全、广谱、价廉的抗寄生虫药，并按其使用说明书应用。

5. 做好防疫

按要求和免疫程序进行预防接种。主要预防肉猪的仔猪副伤寒、病毒性痢疾、猪瘟、口蹄疫、高致病性猪蓝耳病、猪丹毒、猪肺疫等传染病。

6. 适时出栏

二元和三元杂交猪出栏体重在90～100kg为宜。"洋二元"和"洋三元"出栏体重110～120kg为宜。

（三）无公害猪生产

无公害肉猪生产应涵盖养猪生产全过程，从场址选择、猪种引进、饲养管理、综合防治疾病及防止屠宰加工污染等各方面严格执行国家相关规定和标准。

1. 场址选择与布局

场址选择首先考虑猪场的规模和任务；其次要考虑场地的地形、地势、水源、土壤、当地气候等自然条件；同时也要考虑饲料、供电、交通及周边环境等情况。

2. 引进健康猪种

从非疫区并且达到无公害标准的猪场引进种猪或肉用仔猪，种猪场必须有生产、经营许可证；注意品种的生产性能；引进猪要在隔离区观察15～30天，确定无疫病后再进场养殖。

3. 饲养管理

饲料品质要符合NY 5032—2006《无公害食品　畜禽饲料和饲料添加剂使用准则》规定；所用的饲料原料，必须符合GB 13078—2017《饲料卫生标准》的有关规定。禁止使用未经农业农村部批准或已经淘汰的兽药。按休药期规定出栏前7天禁喂任何药物。

4. 综合防治疾病

引种前要调查产地是否为非疫区，并有产地检疫证书；场区大门入口处要设置与门同宽、长度相当进场大型车辆车轮周长1.5倍、深25～30cm的消毒池，消毒池内放入2%～3%氢氧化钠溶液或1%菌毒敌作为消毒剂，主要用于对进出猪场的车辆进行消毒；工作人员进入管理区或生产区要经过淋浴、换上消毒后的工作服、鞋和工作帽方可进入管理区或生产区；生产区专用运料车辆每3天消毒1次；建有粪尿及污水处理设施，对猪场的粪尿和污水进行固液分离发酵降解，防止对环境造成污染，避免疾病水平传播；实施“全进全出”的饲养制度和科学的免疫接种疫苗工作；严禁饲养猫、狗等动物；不对外开展猪的配种工作；兽医人员也不要对外出诊。

5. 防止屠宰加工污染

按照NY 467—2001《畜禽屠宰卫生检疫规范》进行屠宰加工，防止二次污染。

二、问题探究

1. 仔猪从出生到育肥出栏需要多少天？
2. 什么是无公害猪？

三、资源链接

育肥猪免疫程序推荐

任务实施

规避风险提示

无公害猪生产注意控制好休药期。

一、按规程进行育肥猪饲养管理操作

（一）工作场景设计

学校技术扶植的养猪大户饲养着120头育肥猪，该场领导邀请教师今天进场技术指导，我们同专业教师一起来到养殖大户猪场，完成育肥猪饲养管理操作学习任务。

（二）工作目标

育成阶段成活率≥99%；饲料转化率（15～90kg阶段）≤2.7：1；日增重（15～90kg阶段）≥650kg；生长育肥阶段（15～95kg）饲养日龄≤116天；全期饲养日龄平均为165天。

（三）工作日程

7：30—8：00　观察猪群；
8：00—9：00　饲喂；
9：00—9：30　治疗；
9：30—11：00　清理卫生、翻生物床、其他工作；
11：00—14：00　午休；
14：00—14：30　观察猪群；
14：30—15：30　饲喂；
15：30—16：00　治疗；
16：00—17：30　清理卫生、其他工作。

（四）操作规程

（1）进猪前，要彻底冲洗消毒空栏（空栏时间不少于3天）对猪舍内的设备进行维修，如风机、电灯、猪栏、饮水器、给料工具等，准备好各阶段所需饲料，对饲养人员加强培训。

（2）每周一次转群。

（3）分群合群时，遵守“拆多不拆少”“留弱不留强”及“夜并昼不并”的原则，将药液（如煤酚皂溶液）喷洒于合群的猪身消除气味差异。

（4）根据猪体重、强弱等及时调整猪群，及时隔离病猪。

（5）为预防及控制呼吸道疾病，转入第一周的饲料中添加预防所用的抗生素。

（6）49～77日龄饲喂小猪料，78～119日龄饲喂中猪料，120～168日龄饲喂大猪料，自由采食，给料量参照喂量标准。

（7）保持圈舍清洁卫生，加强猪群饮食、休息和排便“三点定位”调教。

（8）清理卫生时观察猪群排粪情况，喂料时观察食欲情况，休息时检查呼吸情况。

（9）做好防暑降温工作，经常检查饮水器和通风降温设备。

（10）每周进行一次消毒，消毒药每周更换一次。

（11）鉴定合格后猪才能出栏。

二、无公害猪生产

配图	生产任务	生产内容	生产要求
	无公害生产基地选择		选在生态环境良好，距干线公路、铁路、城镇居民区1km以上，3km内无大型化工厂、皮革厂、肉品加工厂、屠宰场或其他污染源的场所，地方病高发区也不可以。猪场地势干燥，排水良好，猪场周围设有围墙和防疫沟，并建绿化带
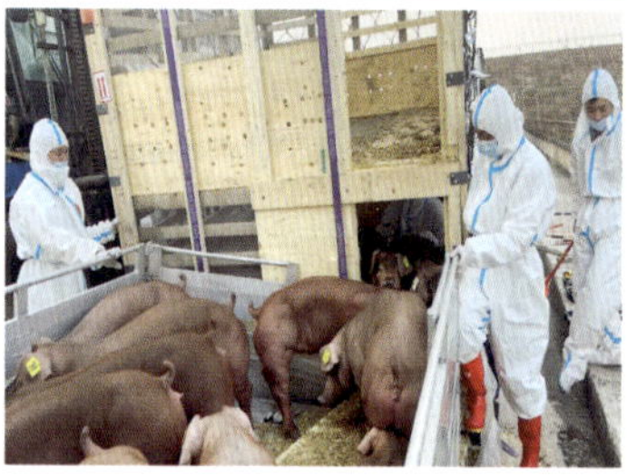	引种健康	引种检疫	从非疫区并且达到无公害标准的猪场引进种猪或肉用仔猪，并按当地种畜禽调运检疫技术进行检疫
		隔离观察	引进猪要隔离观察15～30天，确定无疫再进场饲养
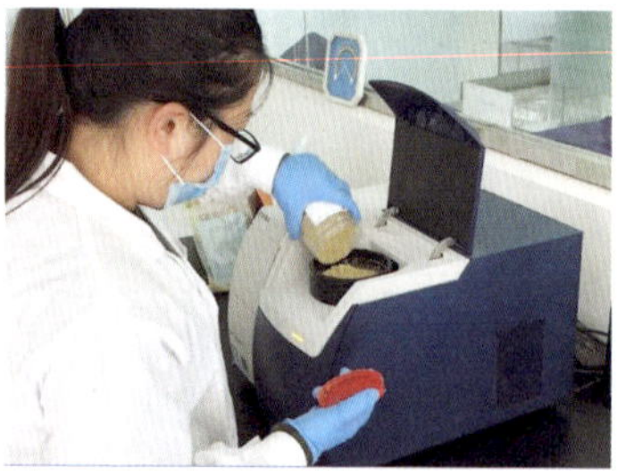	饲料与饮水质量控制	饲料品质控制	定点采购饲料原料并经饲料质检部门检验，产品中重金属含量、违禁药物、黄曲霉毒素符合标准。严禁使用具有激素的物质及催眠镇静药物等
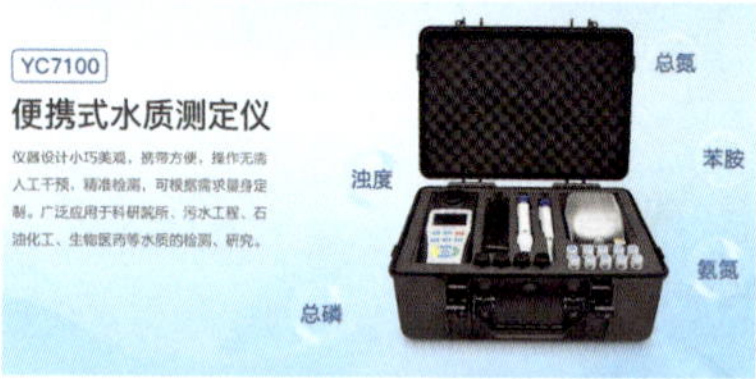		水质检测	利用先进的水质检测仪定期检测猪场所用水质，要求符合NY 5027—2008《无公害食品　畜禽饮用水水质》，经常对饮水设备进行清洗与消毒
	舍内环境条件控制		按NY/T 388—1999《畜禽场环境质量标准》控制猪舍温度、湿度、通风、光照及饲养密度等环境条件

配图	生产任务	生产内容	生产要求
	防疫灭病	全进全出	采取“全进全出”的饲养管理模式
		免疫与驱虫	按程序定期免疫和驱虫，疫苗和药品主要来源于兽医部门经营的合格新产品
		严格消毒	定期对猪场周围、猪舍和用具进行消毒
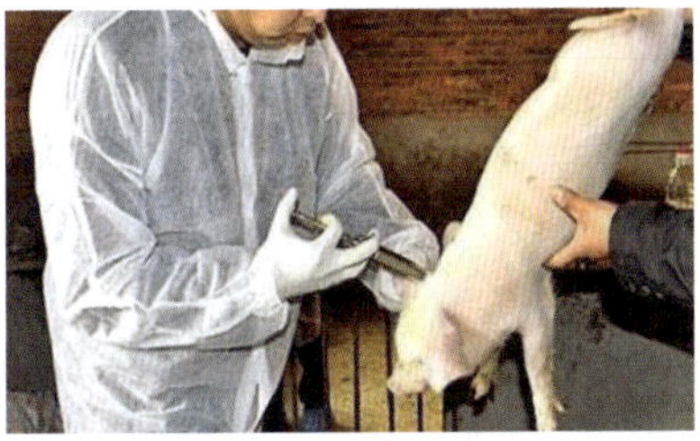		隔离治疗	建立隔离区，病猪要及时隔离治疗，严禁销售；发生传染病时，要在24h内上报当地畜牧主管部门
		防蝇灭鼠	采取灭鼠、灭蚊、灭蝇措施

<table>
<tr><th>配图</th><th>生产任务</th><th>生产内容</th><th>生产要求</th></tr>
<tr><td>
</td><td>防疫灭病</td><td>休药期的控制</td><td>出栏前15～20天停止一切用药</td></tr>
<tr><td>
</td><td rowspan="2">防止屠宰加工污染</td><td>严格消毒</td><td>加工场所要严格消毒，保持清洁卫生，达到国家标准。所有器具不允许有清洁剂残留，要彻底消毒</td></tr>
<tr><td>
</td><td>人员体检</td><td>定期检查工作人员身体，不允许有传染病的人上岗</td></tr>
<tr><td>
</td><td rowspan="2">病害处理</td><td>病死畜无害化处理</td><td>处理恶性传染病的肉猪，采取不放血的方法屠杀后销毁，按照畜禽病害肉尸及其产品无害化处理要求有关规定，对于检出的病变组织和脏器进行销毁、化制和高温处理</td></tr>
<tr><td></td><td>粪污处理</td><td>猪场的粪尿和废弃物进行固液分离发酵降解，利用其产物生产固、液体有机肥料，降低污染，净化环境</td></tr>
</table>

学业评价

“育肥舍生产”学业考核评价表

专业班级:　　　　　　　　姓名:　　　　　　　　考核时间:

评价方式	考核内容		评分标准	配分	得分	备注
自我评价（15%）	必备知识	育肥猪的饲养	了解育肥猪营养需要，计 1分；掌握育肥猪适宜的料型和料量，计 1分；掌握饲喂方法，计1分；了解饮水要领，计 1分	4		通过学银在线进行自我评价
		育肥猪的管理	掌握育肥猪所需要的舍内温湿度等环境条件，计1分；掌握育肥猪组群方法，计1分；熟悉育肥猪“三定位”管理，计1分；了解育肥猪驱虫方法，计1分；了解防疫接种程序，计1分；掌握育肥猪出栏时间，计1分	6		
		无公害猪生产	掌握无公害猪生产所需的场址选择、引种、饲养管理、综合防治疾病、防止屠宰加工污染等方面知识，计5分	5		
教师学业评价（50%）	任务实施	按规程进行育肥猪饲养管理操作	进猪前，能对空栏彻底冲洗消毒，计2分；会进行猪舍内设备的简单维修，计2分；能依据舍内温度、配种任务及其年龄和体重等实际情况适当的调整日粮饲喂量，计2分；能完成转群工作，计2分；分群时会将煤酚皂溶液喷洒于合群的猪身消除气味差异，计2分；能按猪的体重与强弱进行调整猪群；计2分；会打针投药，计2分；能做到“三定位”调教，计2分；会观察猪群排粪和采食，计2分；能从外观鉴定出栏猪，计2分	20		按任务达成程度进行评价
		无公害猪生产	会选择无公害生产基地，计2分；参与健康引种计划编写，计2分；参与检疫隔离观察，计2分；参与饲料品质控制过程，计2分；参与水质检测，计2分；会控制舍内环境条件，计2分；参与全进全出制管理，计2分；会编写免疫程序，计2分；会圈舍带猪消毒，计2分；发现病猪能及时隔离，计2分；会安装灭蝇灯具，计2分；会控制常用药的休药期，计2分；能进行屠宰场所消毒，计2分；会进行病死畜高温处理，计2分；会使用除粪机械，计2分	30		
学生互评（35%）	学习过程考核	课前	参加学习资源准备，计5分；完成预习任务，计5分；参与课前讨论，计5分	15		组内互评

续表

评价方式	考核内容		评分标准	配分	得分	备注
学生互评（35%）	学习过程考核	课中	严格遵守课堂纪律，计2分；有秩序地实施任务，并按时完成，计3分；积极参加问题探究，计2分；提出有意义的探究性问题，计3分；小组成员通力合作共同完成任务，计2分；在线抢答问题且答案正确，计3分	15		组间互评
		课后	能按要求查询课后拓展内容并上传，计3分；对育肥舍进行清扫，个人进行消毒，计2分	5		组内互评
总计				100		—

注：90分及以上为优秀等级；75～89分为良好等级；60～74分为合格等级；60分以下为不合格。

课后拓展

- 网上查询猪的注水肉和瘟疫肉的鉴别方法，并传至学银在线作业栏中。

自测练习

1. 猪场大门入口处要设置消毒池，消毒池内放入________g/L氢氧化钠溶液。
2. 一头体重为10～20kg的猪，每增重1kg约需饲料________kg；如果一头90kg的猪，每增重1kg约需饲料________kg。
3. 15～90kg的育肥猪，正常的日增重应该≥________kg。
4. 15～95kg的生长育肥猪，饲养日龄应≤________天。
5. 从初生到出栏，育肥猪全期饲养日龄平均为________天。

模块二

牛生产

任务一　牛的品种认识

学习目标

知识目标	1. 能按经济用途对牛进行分类。 2. 熟悉典型乳用牛、肉用牛及兼用牛的外貌特征和生产性能。 3. 熟悉牛的常见地方品种、中国培育的肉牛品种的名称。 4. 掌握牛的体尺体重测量项目。
技能目标	1. 能根据牛的外貌特征认识常见牛的品种。 2. 能利用相应的测量工具进行牛的体尺测量。
素养目标	1. 通过对家乡养牛业进行调查，培养为“三农”服务的意识。 2. 通过牛的品种选择，认识到品种资源的重要性，不断提升职业情感。

任务描述

随着人们生活水平的不断提高，人们对牛肉和牛乳等畜产品的需求量越来越多，而高质量的畜产品就需要具备优良的品种。因此，牛品种的认识是养牛业重要工作之一，依据《中华人民共和国畜牧法》中的规定，我们将按照如图2-1和图2-2所示的内容完成学习任务。

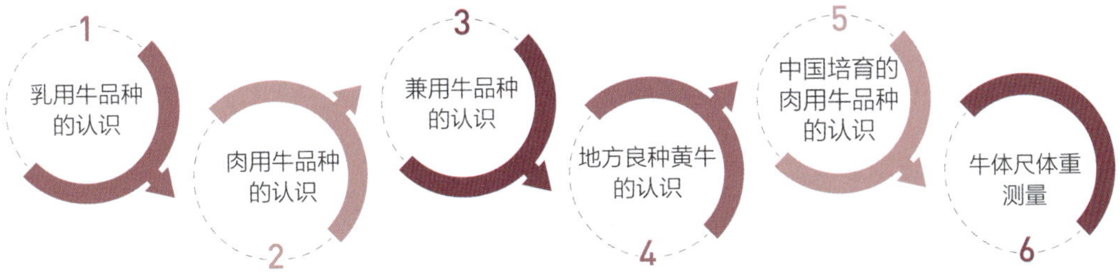

图2-1 “牛的品种认识”实施环节

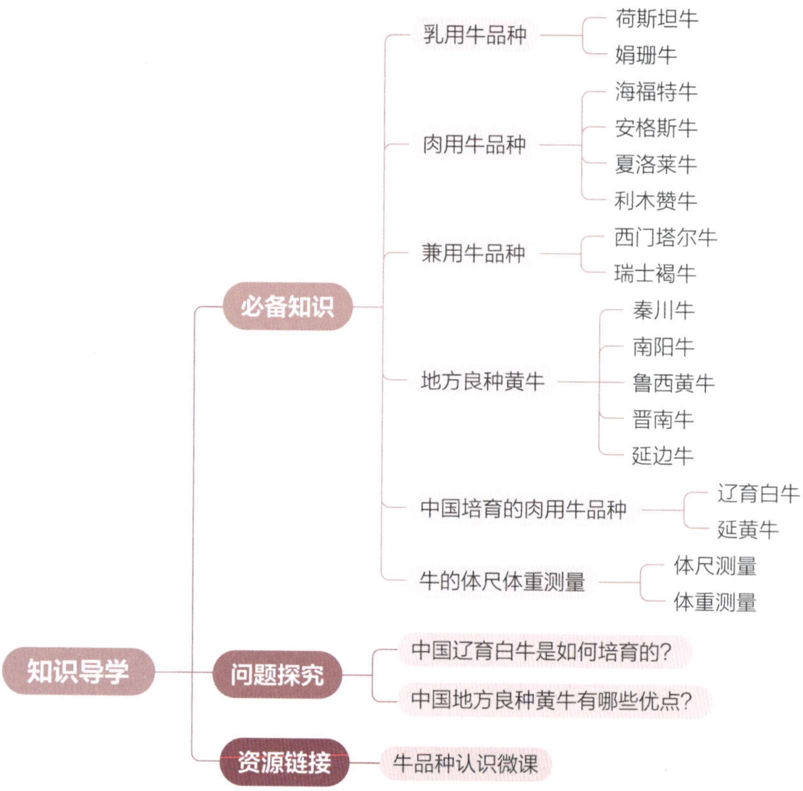

图2-2 “牛的品种认识”知识思维导图

课前准备

一、学习资源准备

通过网络获取《国家畜禽遗传资源目录》。

二、完成预习任务

1. 阅读学习相关资源，了解牛外貌鉴定的方法。
2. 了解家乡所在市县养牛业生产现状。

三、完成课前讨论

1. 完成《学情分析表》(附录一)。
2. 在线提出预习中存在的问题，并进行相关讨论。

知识链接

一、必备知识

（一）乳用牛品种

1. 荷斯坦牛

世界上分布最广的乳用品种是荷斯坦牛，其以产乳量高、风土驯化能力强、适应性好而闻名于世。荷斯坦牛原产于荷兰北部的北荷兰省、西弗里生省及德国的荷斯坦省，世界各国均有饲养。

成年公牛体重900～1200kg，成年母牛体重650～750kg，犊牛初生重40～50kg。年产乳量一般为7500～8500kg。

2. 娟姗牛

娟姗牛属小型乳用品种，其性情温顺、体形小、乳脂率较高，可终年放牧饲养。成年公牛平均体重为700kg，体高131cm；成年母牛平均体重为400kg，体高为121cm，犊牛平均初生重为25kg。娟姗牛的最大特点是单位体重产乳量高，乳脂肪球大。娟姗牛年平均产乳量为4000kg，乳脂率为5%～7%，是世界上乳用品种牛中乳脂率最高的品种。

（二）肉用牛品种

据估计、全世界有60多个专门化的肉牛品种。50多年以来，我国各地陆续从国外引进很多优良肉牛品种，对加速肉牛生产的发展起到了重要作用。

1. 海福特牛

海福特牛（Hereford）原产于英国威尔士地区的海福特县及邻近诸县，属中小型早熟肉牛品种，是在威尔士地方土种牛的基础上选育而成的。海福特牛增重快，从出生到12月龄的平均日增重达1400g，18月龄体重725kg（英国）。据我国黑龙江省资料，海福特牛哺乳期平均日增重，公犊1140g，母犊890g；7～12月龄的平均日增重，公牛980g，母牛850g。屠宰率一般为60%～64%，经育肥后，可达67%～70%，净肉率达60%。肉质嫩，多汁，大理石纹好。海福特牛性成熟早，15～18月龄、体重445kg可以初次配种，母牛妊娠期277天（260～290天）。

2. 安格斯牛

安格斯牛（Angus）原产于英国的阿伯丁、安格斯和金卡丁等地，现在世界上主要养牛国家大多数都饲养有安格斯牛。安格斯牛具有良好的增重性能，日增重约为1000g。早熟易肥，胴体品质和产肉性能均高。育肥牛屠宰率一般为60%～65%。安格斯牛12月龄性成熟，18～20月龄可以初配。产犊间隔短，一般为12个月左右。连产性好，初生重小，难产极少。

3. 夏洛莱牛

夏洛莱牛（Charolais）是大型肉牛品种，原产法国中西部到东南部的夏洛莱和涅夫勒地区。夏洛莱牛以生长速度快、瘦肉产量高而著称。据法国的测定，在良好的饲养管理条件下，6月龄公犊体重达234kg，母犊210.5kg；平均日增重公犊1000～1200g，母犊1000g；12月龄公犊重达525kg，母犊360kg。屠宰率为65%～70%，胴体产肉率为80%～85%。青年母牛初次发情为396日龄，初配年龄为17～20月龄。

4. 利木赞牛

利木赞牛（Limousin）原产于法国中部利木赞高原，在分布广度和数量方面，在法国仅次于夏洛莱牛。利木赞牛肉用性能好，生长快，尤其是幼年期，8月龄小牛就可以生产出具有大理石纹的牛肉；在良好的饲养条件下，公牛10月龄能长到408kg，12月龄达480kg。牛肉品质好，肉嫩，瘦肉含量高。利木赞牛具有较好的泌乳能力，成年母牛平均泌乳量1200kg，个别可达4000kg，乳脂率5%。

（三）兼用牛品种

1. 西门塔尔牛

西门塔尔牛（Simmental）原产于瑞士阿尔卑斯山西部西门河谷。1803年出版了第一本良种登记簿。目前西门塔尔牛主要分布于欧洲、亚洲、南美、北美、南非等地区。有19个国家建立了良种登记，1974年成立世界西门塔尔牛联合会。

西门塔尔牛耐粗饲、适应性强，四肢坚实，寿命长，繁殖力强。肉用、乳用性能均佳，平均产乳量4000kg以上，乳脂率 4%；初生至1周岁平均日增重可达1.32kg，12～14月龄活重可达540kg以上，较好条件下屠宰率为55%～60%，育肥后屠宰率可达65%。

2. 瑞士褐牛

瑞士褐牛（Brown Swiss）是原产于瑞士中部山区的本地牛，在瑞士全境均有分布，占瑞士牛数量的47%，仅次于西门塔尔牛，为瑞士的古老品种。该品种原为乳、肉、役三用，后发展成为以乳用为主的兼用品种，目前在多个国家和地区有分布。瑞士褐牛骨骼坚实，四肢强壮，蹄壳结实，使用寿命长，平均妊娠期290天，略高于其他品种，平均产乳量2500～3800kg，乳脂率3.23%～3.87%。一般18月龄活重可达485kg，屠宰率50%～60%，育肥期平均日增重可达1.1～1.2kg。适应能力强，在多种气候和饲养管理条件下均有良好表现。

（四）地方良种黄牛

秦川牛、晋南牛、南阳牛、鲁西黄牛、延边牛被誉为我国五大良种黄牛品种，是作为杂交母本生产肉牛的主要品种，我国牛肉总量的80%都来自这些牛品种同引进品种的杂交牛。

1. 秦川牛

秦川牛因产于陕西省关中地区的“八百里秦川”而得名。主要产地包括渭南、临潼、蒲城、富平等诸多市县。秦川牛在中等饲养水平下18月龄时的屠宰率可达58.3%，净肉率为50.5%。母牛产乳量715.8kg，乳脂率4.70%；在中等饲养水平下母牛初情期为9.3月龄；产后第一次发情的平均时间为53.1天。一般母牛2岁配种，在正常条件下，可繁殖到14～15岁，个别可达17～20岁。全国各地曾引进秦川公牛改良本地黄牛，杂交效果良好。

2. 南阳牛

南阳牛产于河南省南阳白河和唐河流域的广大平原地区，以南阳市郊区、唐河县、邓州市、新野县等为主要产区。南阳牛1.5岁公牛育肥的平均体重可达441.7kg，日增重813g，屠宰率为55.6%；3～5岁阉牛经强度育肥，屠宰率可达64.5%，净肉率达56.8%。母牛初情期8～12月龄，产后第一次发情平均时间为77天。公牛1.5～2岁开始配种，3～6岁配种能力最强，利用年限5～7年。

3. 鲁西黄牛

鲁西黄牛主要产于山东西南部，以郓城、鄄城、菏泽等市为中心产区。鲁西黄牛1～1.5岁牛平均日增重610g，屠宰率53%～55%，净肉率47%左右。母牛性成熟早，一般10～12月龄开始发情，母牛初配年龄多在1.5～2周岁，终生可产犊7～8头，最高可达15头，产后第一次发情为35天。公牛2～2.5岁开始配种，利用年限5～7年。

4. 晋南牛

晋南牛产于山西省晋南盆地，以万荣、河津、临猗、永济、运城等地为主产区。晋南牛成年牛育肥后屠宰率可达52.3%，净肉率为43.4%。母牛9～10月龄开始发情，2岁配种，产犊间隔为14～18个月，终生产犊7～9头，公牛9月龄性成熟。

与其黄牛杂交，效果良好。

5. 延边牛

延边牛主产于吉林省延边朝鲜族自治州的延吉、和龙、汪清、珲春及毗邻各县，分布于东北三省。延边牛公牛经180天育肥，屠宰率可达57.7%，净肉率47.23%，日增重813g。母牛初情期平均为13月龄，公牛平均为14月龄。

（五）中国培育的肉用牛品种

我国的科研人员和畜牧工作者经过60多年连续不断地工作，培育出了辽育白牛和延黄牛等优良的肉牛品种。

1. 辽育白牛

辽育白牛6月龄体重公牛221.4kg，母牛190.5kg；12月龄体重公牛366.8kg，母牛280.6kg；24月龄体重公牛624.5kg，母牛386.3kg。

辽育白牛6月龄断乳后持续育肥至18月龄，宰前重、屠宰率和净肉率分别为561.8kg、58.6%和49.5%；持续育肥至22月龄，宰前重、屠宰率和净肉率分别为664.8kg、59.6%和50.9%。

2. 延黄牛

延黄牛以延边牛为母本、利木赞牛为父本有计划进行杂交、正反回交和横交固定培育而成，是中国培育成功的第二个肉用牛品种。延黄牛含75%延边牛、25%利木赞牛血统，具有体质健壮、性情温驯、耐粗饲、适应性强、生长速度快等特点。6月龄公、母牛体重分别为168.8kg和153.6kg；12月龄公、母牛体重分别为308.6kg和265.2kg；舍饲短期育肥至30月龄公牛屠宰率59.8%，净肉率49.3%。母牛初情期8～9月龄，初配时间13月龄。

（六）牛的体尺体重测量

1. 体尺测量

为掌握牛的生长发育情况和各部位发育的协调性，需要定期进行牛的体尺测量。一般可使用测杖、软皮尺、圆形测定器进行测量。根据牛的体尺大小，综合判断牛的生产性能和生产方向。需要掌握主要测量的体尺项目有：体高、十字部高、胸围、体斜长、腹围、胸宽、胸深、腰角宽、尻长、坐骨宽、管围等。

2. 体重测量

体重是发育的重要指标，特别是对种公牛、犊牛及育成牛尤为重要。进行体重测量，是进行牛选种的一个重要方面。目前，一般有实测法和估测法两种方法用于牛的体重测量。

二、问题探究

1. 中国辽育白牛是如何培育的？
2. 中国地方良种黄牛有哪些优点？

三、资源链接

牛品种认识
微课

任务实施

一、乳用牛品种的认识

配图	品种名称	识别依据
	荷斯坦牛	乳用型荷斯坦牛体形侧望、前望、上望均呈楔形；体格高大，结构匀称，皮薄骨细；后躯发达。 头狭长清秀，背腰平直，尻方正；四肢端正结实，蹄质坚实，蹄底呈圆形；被毛细短，毛色呈黑白斑块，额部有白星；腹下，四肢下部及尾帚为白色
	娟姗牛	娟姗牛头小，额凹；胸宽，背平，后躯发育良好；乳房发育匀称，形状美观，乳静脉粗大而弯曲；皮薄，骨骼细，毛色以浅褐色居多；鼻镜、舌及尾帚为黑色

二、肉用牛品种的认识

配图	品种名称	识别依据
	海福特牛	体躯的毛色为橙黄或黄红色，头、颈、腹下、四肢下部和尾帚为白色，鼻镜粉红。体型宽深，前躯饱满，颈短而厚，垂皮发达，中躯肥满，四肢短，背腰宽平，臀部宽厚，肌肉发达，整个体躯呈圆筒状，皮薄毛细
	安格斯牛	无角，毛色以黑色居多，也有红色。体形低矮，体质紧凑、结实。头小而方，额宽，颈中等长且较厚，背线平直，腰荐丰满，体躯宽而深，呈圆筒形。四肢短而端正，全身肌肉丰满。皮肤松软，富弹性，被毛光泽而均匀

配图	品种名称	识别依据
	夏洛莱牛	体躯高大强壮，全身毛色乳白或浅乳黄色。头小而短宽，嘴端宽方，角中等粗细，向两侧或前方伸展，角色蜡黄
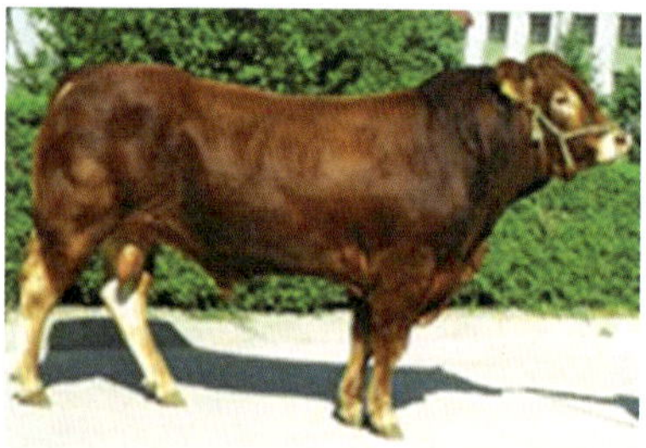	利木赞牛	毛色以红黄为主，腹下、四肢内侧、眼睑、鼻周、会阴等部位色较浅，为白色或草白色

三、兼用牛品种的认识

配图	品种名称	识别依据
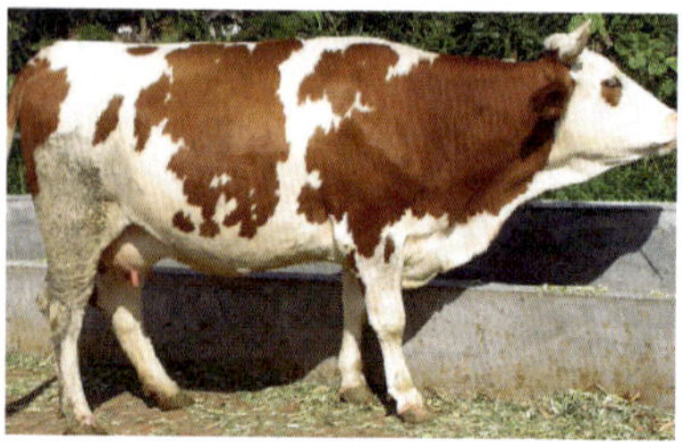	西门塔尔牛	毛色多为黄白花或淡红白花，头、胸、腹下、四肢、尾帚多为白色。体格高大。 后躯较前躯发达，中躯呈圆筒形。额与颈上有卷曲毛。四肢强壮，蹄圆厚。乳房发育中等，乳头粗大，乳静脉发育良好
	瑞士褐牛	毛色从灰褐到浅褐不等，有的个体几乎呈白色。鼻镜、乳房及四肢内侧毛色较淡，角尖、鼻镜、蹄壳上多有黑色素沉积。头宽短、额稍凹陷，角中等长，颈粗短，垂皮不发达

四、地方良种黄牛的认识

配图	品种名称	识别依据
	秦川牛	角短而钝、多向外下方或向后稍弯。毛有紫红、红、黄3种，以紫红和红色居多。鼻镜多呈肉红色，亦有黑色、灰色和黑斑点等色
	南阳牛	公牛角基较粗，以萝卜头角为主，母牛角较细；鬐甲较高，公牛肩峰8～9cm；有黄、红、草白3种毛色，以深浅不等的黄色为最多，一般牛的面部、腹下和四肢下部毛色较浅
	鲁西黄牛	具有较好的肉、役兼用体型。公牛多平角或龙门角，母牛角形多样，以龙门角较多；蹄质致但硬度较差，不适于山地使役；被毛从浅黄到棕红色都有，以黄色为最多
	晋南牛	颈较粗短，顺风角，肩峰不明显；蹄大而圆，质地致密；毛色以枣红为主，鼻镜粉红色
	延边牛	公牛头方额宽，角基粗大，多向外后方伸展成“一”字形或倒“八”字角。母牛头大小适中，角细而长，多为龙门角。毛色多呈浓淡不同的黄色，鼻镜一般呈淡褐色，带有黑斑点

五、中国培育的肉用牛品种的认识

配图	品种名称	识别依据
	辽育白牛	全身被毛呈白色或草白色，鼻镜肉色，蹄角多为蜡色；体型大，体质结实，肌肉丰满，体躯呈长方形；头宽且稍短，额阔唇宽，耳中等偏大，大多有角；颈粗短
	延黄牛	毛色为黄色；公牛头方正，额平直，母牛头部清秀，额平，嘴端短粗；公牛角呈锥状，水平向两侧延伸，母牛角细圆，致密光滑，外向，尖稍向前弯

六、牛体尺体重测量

1. 体尺体重测量器材准备

配图	测量项目	测量器材	器材适用范围
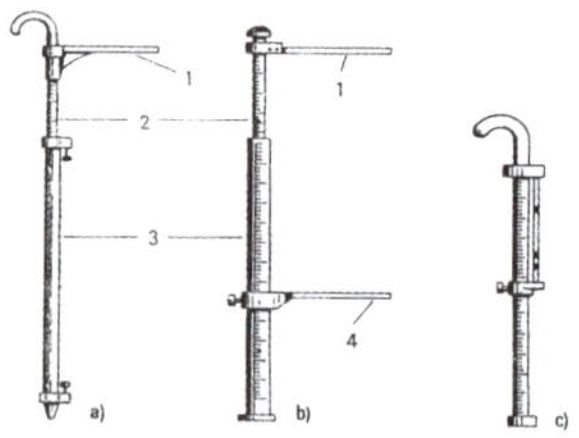	体尺测量	牛用测杖	在测量牛的体长、体高、体宽等尺寸时使用测杖，一般要求垂直于地面或者平行于地面来进行测量，以减少误差
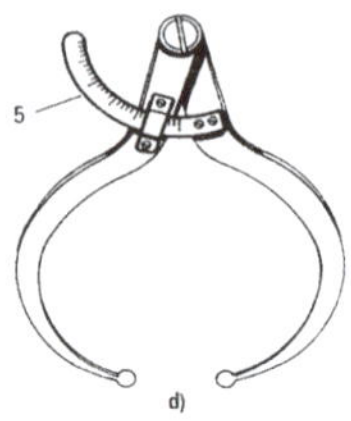		圆形测定器	在测量胸宽、腰角宽、尻长、坐骨宽时，可使用圆形测定器测量，测定器的周径要和测量的部位垂直，以减少误差

配图	测量项目	测量器材	器材适用范围
 	体尺测量	卷尺、皮尺	在测量牛的胸围、腹围、管围时要使用卷尺。卷尺或皮尺的周径要和测量的部位一般垂直，以减少误差
	体重测量	地磅秤	地磅秤的量程根据需要选择，注意称重时，牛的重量不要超过最大量程，常用的多为2000kg的量程。 销售时，如果称量的牛数量较多，需要到当地称量准确的大型地磅秤进行称量
		电子秤	量程100kg或200kg的电子秤用来称量犊牛体重。育成牛要选择相应大的量程称量

2. 体尺测量操作

（1）体高　从牛鬐甲部的最高点到地面的垂直距离（测杖测量）。

（2）十字部高　两腰角连线的中点到地面的垂直距离（测杖测量）。

（3）胸围　测量时应将皮尺从肩后沿体侧在前腿后绕过胸部，将皮尺拉紧并记录（软皮尺测量）。

（4）体斜长　从肩端肱骨骨突到坐骨结节端之间的距离。测量时牛最好空腹、站姿正确，测量左右两侧取平均值（软皮尺测量）。

（5）腹围　腹部最粗部位的垂直周径，饱食后测量（软皮尺测量）。

（6）胸宽　肩胛后角最宽处的水平距离（测杖、圆形测定器测量）。

（7）胸深　从肩胛骨后缘向上的脊突至胸骨的垂直距离（测杖测量）。

（8）腰角宽　两腰角外缘间的水平距离（测杖、圆形测定器测量）。

（9）尻长　从腰角前缘到臀端后缘的直线距离（测杖、圆形测定器测量）。

（10）坐骨宽　坐骨短处最大宽度（测杖、圆形测定器测量）。

（11）管围　前肢管部上1/3处的周径（软皮尺测量）。

体尺测量的项目和部位，由于测量目的不同，测量部位可多可少（图2-3）。

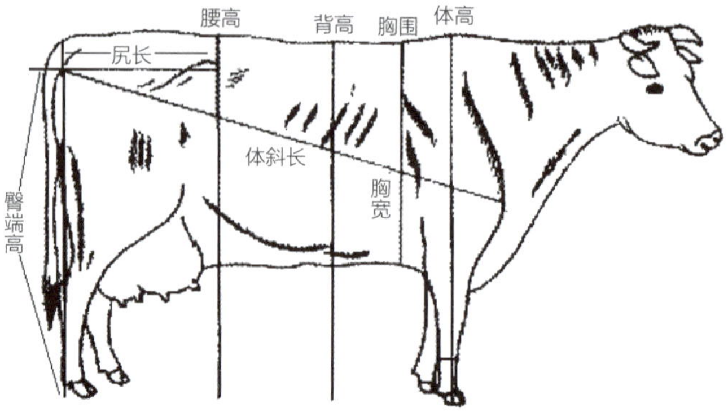

图2-3　牛的体尺测量

3. 体重测量操作

（1）实测法（直接称重法）　用地磅秤或电子秤称量。要求在早晨饲喂前空腹称重，称量时要迅速准确，并如实记录。

（2）估测法　无地磅秤称量条件时（比如在牧区），应根据体尺测量数据进行估算，以乳用牛为例，其体重估测计算公式如下。

6～12月龄：体重=胸围^2×体斜长×98.7

16～18月龄：体重=胸围^2×体斜长×87.5

初产至成年：体重=胸围^2×体斜长×90（乳肉兼用牛参用）

体重单位为kg，胸围、体斜长单位为m。

学业评价

“牛的品种认识”学业考核评价表

专业班级：　　　　　　姓名：　　　　　　考核时间：

评价方式	考核内容		评分标准	配分	得分	备注
自我评价（15%）	必备知识	乳用牛品种	掌握乳用牛的外貌特征，计2分	2		通过学银在线进行自我评价
		肉用牛品种	熟记肉牛品种3～4个，计2分；掌握肉牛的外貌特征，计2分	4		
		兼用牛品种	掌握西门塔尔牛外貌特征及生产性能，计2分	2		
		地方良种黄牛	掌握中国地方良种牛3～5个品种，计2分	2		
		中国培育的肉用牛品种	知道中国培育的肉牛品种2个，计2分	2		
		牛的体尺体重测量	掌握牛的体尺测量项目，计2分；熟悉牛的体重测量方法，计1分	3		

续表

评价方式	考核内容		评分标准	配分	得分	备注
教师学业评价（50%）	任务实施	乳用牛品种的认识	按照外貌特征认识乳用牛代表品种，计10分	10		按任务达成程度进行评价
		肉用牛品种的认识	能按照外貌特征认识肉用牛代表品种，计10分	10		
		兼用牛品种的认识	能按照外貌特征认识兼用型牛代表品种，计5分	5		
		地方良种黄牛的认识	能按照外貌特征认识地方良种黄牛代表品种，计10分	10		
		中国培育的肉用牛品种的认识	能按照外貌特征认识中国培育的肉用牛代表品种，计5分	5		
		牛体尺体重测量	能选择适合工具进行牛的体尺测量，计8分；会用地磅秤称量牛的体重，计2分	10		
学生互评（35%）	学习过程考核	课前	参加学习资源准备，计5分；完成预习任务，计3分；参与课前讨论，计5分	15		组间互评
		课中	严格遵守课堂纪律，计2分；有秩序地实施任务，并按时完成，计3分；积极参加问题探究，计2分；善于发现并解决任务实施过程中的问题，计3分；与小组成员通力合作，有效沟通，计2分；在线抢答问题且答案正确，计3分	15		组间互评
		课后	能按要求清洁整理所用设备，计3分；及时清扫学习场所的卫生，计2分	5		组间互评
总计				100		—

注：90分及以上为优秀等级；75～89分为良好等级；60～74分为合格等级；60分以下为不合格。

课后拓展

- 查阅资料，了解牛场生产计划，并将生产计划项目名称传至学银在线平台作业栏中。

牛场生产计划

自测练习

1. 乳用牛的体型外貌是________型。
2. 肉用牛的体型外貌是________型。
3. 常见的肉用牛品种有________、________、________和________等。
4. 中国五大优良黄牛品种有________、________、________、________、________。

任务二　按规程进行牛繁殖技术操作

学习目标

知识目标

1. 了解母牛发情、妊娠和分娩的生理知识。
2. 掌握牛人工授精技术的操作程序。
3. 熟悉接产的工作环节和注意事项。

技能目标

1. 能根据母牛的外部表现进行牛的发情鉴定。
2. 能初步进行牛的人工输精操作。
3. 能利用外部观察法进行妊娠诊断。
4. 参与牛的接产过程。

素养目标

1. 通过对牛人工授精技术的学习，了解其技术的先进性和应用优势，培养创新意识和创新精神。
2. 通过牛繁殖控制技术的系列学习，养成认真、负责、积极的职业态度。
3. 通过人工输精的理实一体化操作，懂得实践出真知的道理。

任务描述

牛的繁殖控制技术主要包括发情鉴定、人工输精、妊娠诊断、分娩助产等操作，是养牛生产实践的重要内容，依据NY/T 1355—2022《牛人工授精技术规程》和DB64/T 573—2010《宁夏肉牛繁殖技术操作规范》要求，我们将按图2-4和图2-5所示的内容完成学习任务。

图2-4　“按规程进行牛繁殖技术操作”的实施环节

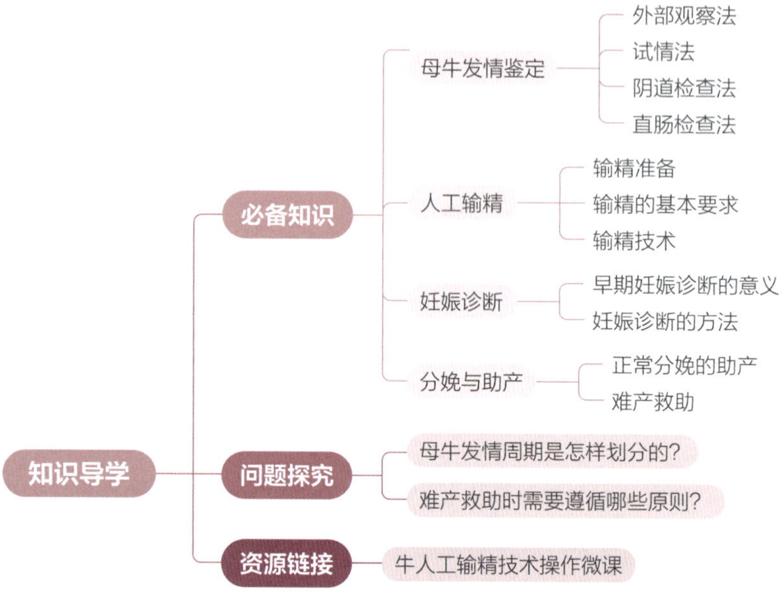

图2-5 “按规程进行牛繁殖技术操作”知识思维导图

课前准备

一、学习资源准备

通过网络获取NY/T 1355—2022《牛人工授精技术规程》以及DB64/T 573—2010《宁夏肉牛繁殖技术操作规范》。

二、完成预习任务

1. 阅读学习相关资源，了解牛发情时的表现。
2. 了解牛人工授精的意义。

三、完成课前讨论

1. 完成《学情分析表》(附录一)。
2. 在线提出预习中存在的问题，并进行相关讨论。

知识链接

一、必备知识

（一）母牛发情鉴定

发情鉴定是对母牛发情的阶段及排卵时间做出判断的过程。通过发情鉴定，可以发现母牛的发情是否正常，发情鉴定基本方法有外部观察法、试情法、阴道检查法和直肠检查法。

1. 外部观察法

外部观察法是各种家畜发情鉴定最常用的方法之一，主要是根据家畜的外部表现和精神状态来判断其是否发情和发情程度的方法。

2. 试情法

试情法是利用体质健壮、性欲旺盛、无恶癖的非种用公畜对母畜进行试情，根据母畜对公畜的反应来判断母畜是否发情与发情程度的方法。

3. 阴道检查法

阴道检查法是将灭菌的阴道开张器（或称开膣器）插入被检查母畜的阴道内，观察其阴道黏膜的颜色、充血程度、润滑度和子宫颈的颜色、肿胀度、开口大小及黏液量、颜色、黏稠度等，来判断母畜是否发情的方法。

4. 直肠检查法

直肠检查法是隔着直肠壁触摸卵巢上卵泡发育情况，以确定配种时期的方法。本方法只适用于大家畜，在生产实践中，对牛的发情鉴定效果较为理想。

（二）人工输精

1. 输精准备

母牛经发情鉴定后，确认已到输精时间，牵入保定栏内保定，外阴清洗消毒，尾巴拉向一侧；开膣器以及其他金属用具洗净后浸泡在消毒液中。或者在使用前用酒精、火焰消毒。

输精前要准备好精液，镜检观察精子活力。鲜精液输精时，精子活力不应低于0.5；冷冻精液解冻后活力不低于0.3。输精员应穿好工作服，指甲剪短磨光，手臂清洗消毒，伸入母牛阴道或直肠的手要涂以润滑剂。

2. 输精的基本要求

（1）输精量及有效精子数　输精量须视母牛的年龄和生理状况而有所变动。对体型大、经产、产后配种和子宫松弛的母牛，应适当增加输精量。液态保存精液的输精量一般比冷冻精液的输精量多。牛的冷冻精液剂量是0.25mL,有效精子数是0.1亿～0.2亿个；液态精液剂量是1～2mL，有效精子数是0.3亿～0.5亿个。

（2）输精时间　经产母牛发情持续期平均为18h，输精应尽早进行。牛的输精可安排两次，发现发情后12～20h进行第一次输精，隔8～12h进行第二次输精。生产上一般采取早晨发情，当日晚输精一次，次日早第二次输精；如下午或晚上发情，次日早第一次输精，次日晚第二次输精。为节省精液，提高受胎率，在母牛发情近结束时输精一次即可。

3．输精技术

输精常采用直肠把握子宫颈输精法。操作过程：一只手伸入直肠，排出宿粪，握住子宫颈后端，压开阴裂，右手持输精枪，先斜上方伸入阴道内5～10cm，避开尿道口，再水平插入至子宫颈口附近，两手协同配合，把输精枪伸入到子宫颈的3～5个皱褶处或子宫体内，慢慢注入精液。输精过程中，输精枪不要握得太紧，要随着母牛的摆动而灵活伸入。保持与子宫颈的水平状态，输精器稍用力前伸，每过一个皱褶都会有感觉，发出“咔咔”的响声。应避免盲目用力插入，防止生殖道黏膜损伤或穿孔。此法的优点是：精液输入部位深，不易倒流，受胎率高；对母牛刺激小；能防止给孕牛误配而造成人为流产；操作简单、安全可靠。

（三）妊娠诊断

1．早期妊娠诊断的意义

母牛配种或输精后，经过一定时间，尽早进行妊娠诊断，对保胎防流、减少空怀、提高母牛繁殖率等具有重要意义。

2．妊娠诊断的方法

（1）外部观察法　母牛妊娠后，发情周期停止，食欲增强，膘情好转，被毛润泽，性情温顺，行动谨慎安稳。妊娠初期，外阴部干燥收缩、紧闭，有皱纹，至后期呈水肿状。妊娠中、后期，可见腹围增大，且向右侧突出，在饱食或饮水后，可见胎动，且能听到胎儿心音。乳房胀大，四肢下部或腹下出现浮肿现象，排粪、尿次数增多。在产前1～2周，从乳房中能挤出清亮乳汁。

（2）阴道检查法　用开膣器打开母牛的阴道，根据阴道黏膜和子宫颈口的状况进行妊娠诊断。母牛妊娠后，阴道黏膜苍白，表面干燥、无光泽、干涩，插入开膣器时阻力较大。子宫颈口关闭，有子宫栓存在。随着胎儿的发育，子宫重量的增加，子宫颈往往向一侧偏斜。

（3）直肠检查法　是用手隔着直肠壁触摸卵巢、子宫、子宫动脉的状况及子宫内有无胎儿存在等来进行妊娠诊断的方法，适合于大的家畜。

妊娠18～25天，子宫角变化不明显，一侧卵巢上有黄体存在，则疑似妊娠。

妊娠30天，两侧子宫角不对称，孕角比空角略粗大、松软，有波动感，收缩反应不敏感，空角较有弹性。

妊娠45～60天，子宫角和卵巢垂入腹腔，孕角比空角大2倍左右，孕角有波动感。用指肚从角尖向角基滑动中，可感到有胎囊由指间掠过，胎儿如鸭蛋或鹅蛋大小，角间沟稍变平坦。

妊娠90天，孕角大如婴儿头，波动明显，空角比平时增大1倍，子叶如蚕豆大小。孕角侧子宫动脉增粗，根部出现妊娠脉搏，角间沟消失。

妊娠120天，子宫沉入腹底，只能触摸到子宫后部及子宫壁上的子叶，子叶直径2~5cm。子宫颈前移下沉至耻骨前缘下方，不易摸到胎儿。子宫中动脉逐渐变粗如手指，并出现妊娠脉搏。

妊娠5个月，子宫全部沉入腹腔，在耻骨前缘稍下方可以摸到子宫颈，胎盘突更大，往往摸到胎儿，但摸不到两侧卵巢，孕角侧子宫中动脉已较明显，空角侧尚无或有轻微怀孕脉搏。

（4）B超检查法　应用B超对母牛进行早妊娠诊断，操作方法简单，准确率高，既能直观地在屏幕上显示怀孕特征，又能缩短配种后的待检时间。

（四）分娩与助产

1. 正常分娩的助产

母牛正常分娩时，一般无需人为干预，此时，助产人员的主要任务是监视分娩状况，并护理好新生仔畜，清除呼吸道内黏液，断脐带，擦干皮肤，喂初乳。只有在必要时，才加以帮助。助产方法有以下几种。

（1）在胎儿进入产出期时，应及时确定胎向、胎位、胎势是否正常。检查时，可将手臂伸入产道内，要隔着胎膜触诊，避免胎水流失过早。如胎向胎势正常，不必急于将胎儿拉出，待其自然娩出。如胎势异常，可将胎儿推回子宫进行整复矫正。当胎儿头部已露出阴门外，胎膜尚未破裂时，应及时撕破，使胎儿鼻端露出，以防胎儿窒息。

（2）正产胎儿，胎头与前肢露在阴门外面，如排出时间延长，也应助产。助产时，将羊膜扯破，将其翻盖在阴唇上，擦净胎儿口、鼻孔内的黏液，配合母牛的阵缩与努责，按骨盆轴方向引拉胎儿。胎儿臀部通过阴门时，切忌快拉，以免发生子宫脱落。胎儿头部未露出阴门外，不要过早扯破羊膜，以防胎水流失，使产道干涩。

（3）胎儿腹部通过阴门时，将手伸至其腹下，并握住脐带根部，可防止脐血管断在脐孔内。

（4）当母牛站立分娩时，应双手接住胎儿，以免摔伤胎儿。

（5）胎儿产出后，将其鼻腔、口腔内及全身的黏液擦净，然后进行断脐。在距腹部8~10cm处断脐，涂以5%碘酊，然后用两手将脐带用力捏住扯断。

（6）牛的胎衣排出后，及时检查是否完整，如不完整，说明母体子宫有残留胎衣，要及时处理。胎衣排出后，应立即取走，以免母牛吞食后引起消化紊乱。

（7）分娩后要供给母牛足够的温水或温麸皮水。产后数小时，要观察母牛有无强烈努责。强烈努责可引起子宫脱出，要注意防治。

2. 难产救助

发现母牛难产时，应首先查明难产的原因和种类，然后进行对症救助。

（1）产力不足求助方法　可用催产素进行催产或握住胎儿的前置部分，将胎儿拉出体外。适用于阵缩、努责微弱或子宫颈狭窄。对仅表现阵缩和努责微弱而其他无异常的难产病例，可皮下注射催产素50～100IU。为提高子宫对药物的敏感性，必要时可注射雌二醇。

（2）采用牵引术进行助产　牵引拉出胎儿的具体方法可视实际情况而定。一般正生时，在两前腿球节之间拴上绳子，术者用手或器械牵拉胎儿头部，助手拉腿。拉腿的方法为先拉一条腿，再拉另一条腿，轮流进行，或先拉一条腿，将肩部拉成斜位后，再同时牵拉两条腿，直至拉出胎儿；倒生时，在两后肢球节之上拴上绳子，拉腿的方法同上。

（3）采用矫正术　是将胎儿异常的胎势、胎位、胎向矫正为正常后，再用牵引术拉出胎儿。矫正异常的胎势是将胎儿屈曲的头颈、前肢或后肢矫正为正常产出的姿势；矫正异常胎位是将异常的下胎位或侧胎位矫正为正常产出的上胎位；矫正异常胎向是将异常的竖胎向和横胎向矫正为正常产出的纵胎向。

（4）采用截胎术　用于无法矫正胎儿或胎儿已死亡又不能或不宜进行剖宫产时，可用截胎术。将胎儿的某些部分截断，缩小体积，分别取出。施行截胎术应使用专用的器械，由专业技术人员进行手术操作，操作过程中应将胎儿尽量推回子宫内，以便于各种操作的施行。手术过程中要严格消毒和防止子宫及阴道损伤。

（5）施用剖腹取胎术　用外科手术的方法切开腹壁和子宫取出胎儿。剖腹取胎术主要适用于经矫正无效又无法截胎的胎向、胎位及胎势不正，无法矫正的子宫扭转，子宫颈狭窄或闭锁，骨盆狭窄、畸形及肿瘤，胎儿畸形、过大，软产道高度水肿、干尸化胎儿用药物催产无效以及母畜生命垂危只需抢救仔畜者等，均可行使剖腹取胎术。剖腹取胎术应有专业兽医人员实施，并严格按无菌外科手术的方法进行操作。手术的基本步骤为切开腹壁、拉出子宫、切开子宫、取出胎儿、剥离胎衣、缝合子宫、缝合腹壁。术后加强护理和抗感染治疗。

二、问题探究

1. 母牛发情周期是怎样划分的？
2. 难产救助时需要遵循哪些原则？

三、资源链接

牛人工输精
技术操作微课

一、母牛发情鉴定

配图	鉴定方法	鉴定依据
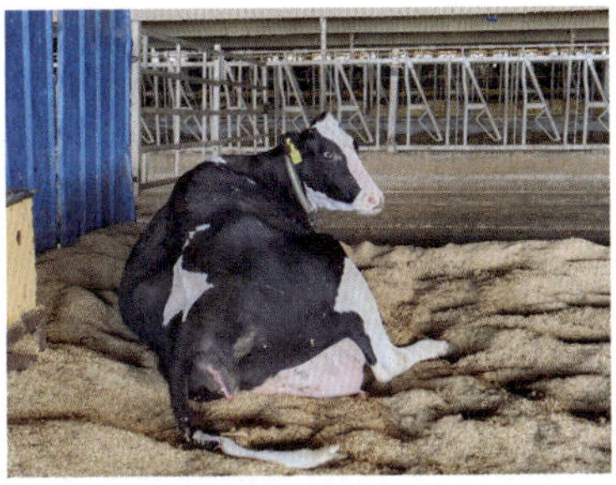	外部观察法	对外界敏感，采食量明显下降，产乳量下降
	试情法	行为变化：母牛发情发出哞哞的叫声，发情母牛初期爬跨其他母牛，盛期接受爬跨；游走好动
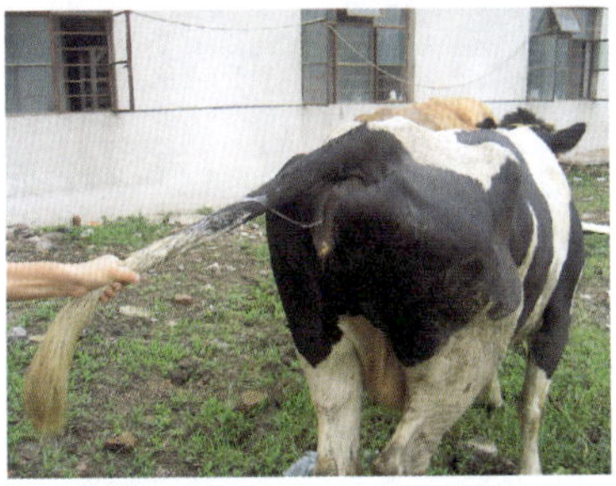	阴道检查法	发情初期：外阴部稍肿胀，阴道黏膜潮红，子宫颈口微开，有少量透明的稀薄黏液流出
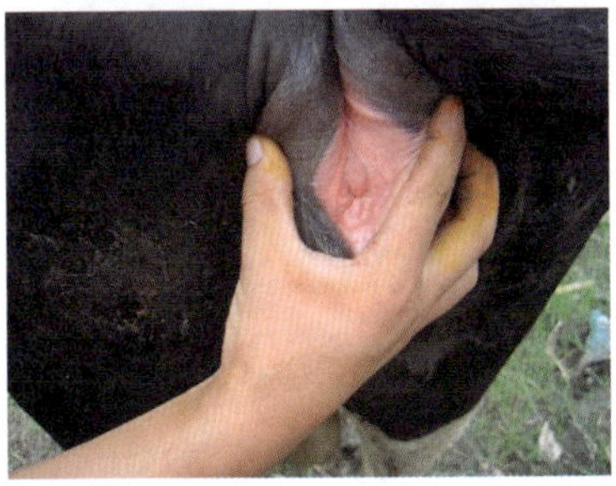		发情盛期：外阴部肿胀明显，阴道黏膜更加潮红，子宫颈开口较大，流出的黏液呈牵缕样
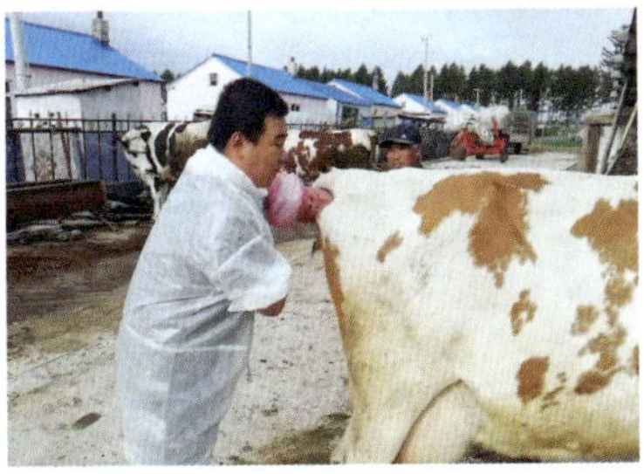	直肠检查法	将已涂润滑剂的手臂伸进保定好的母牛直肠内，隔着直肠壁触摸卵巢上卵泡发育情况，以确定配种时期的方法

二、直肠把握子宫颈输精操作

配图	操作步骤	操作过程
	准备冷冻精液	以精细管的方式，将冷冻精液保存在-273℃的液化罐中
	冷冻精液解冻	取出冻精细管，投入38～40℃温水中15s左右
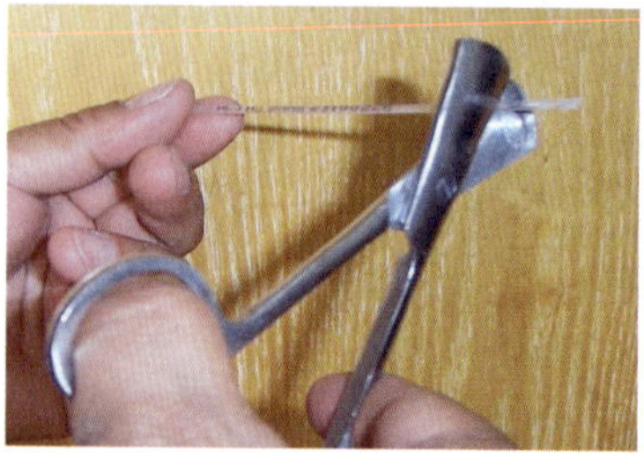	输精枪安装	剪开精细管端处，然后安装输精枪。塑料套管不可重复使用
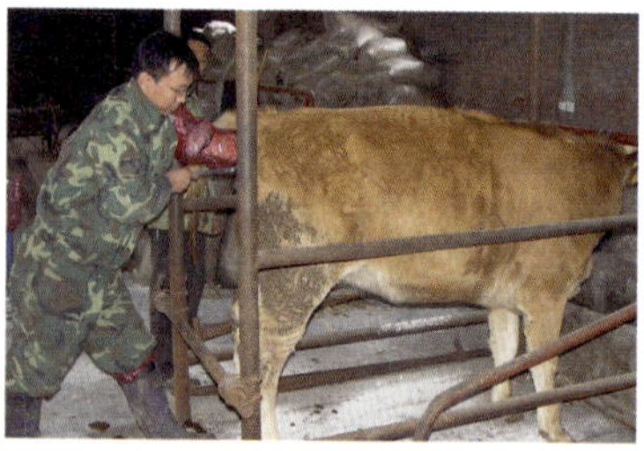	输精操作	一只手伸入直肠，排出宿粪，握住子宫颈后端，压开阴裂，右手持输精枪，先斜上方伸入阴道内5～10cm，避开尿道口，再水平插入至子宫颈口附近，两手协同配合，把输精枪伸入到子宫颈的3～5个皱褶处或子宫体内，慢慢注入精液。输精过程中，输精枪不要握得太紧，要随着母牛的摆动而灵活伸入。保持与子宫颈的水平状态，输精器稍用力前伸，每过一个皱褶都会有感觉，发出“咔咔”的响声。应避免盲目用力插入，防止生殖道黏膜损伤或穿孔

三、B超检查法进行母牛妊娠诊断操作

1. 检查方法

母牛站立保定，B超检查之前应排除母牛直肠内的积粪，必要时可用温生理盐水灌肠，

清除直肠内积粪，以保证检查区域环境清洁。将探头慢慢置于受检牛直肠内，隔着直肠壁紧贴子宫角缓慢移动并不断调整探查角度，观察 B 超实时图像，直至出现满意图像。

2. 判定标准

在子宫内检测到胚囊、胚斑和胎心搏动即判为阳性；声像图显示一个或多个圆形液性暗区，判为可疑，择机再检；暗区散在低强度等回声光点（光斑）为子宫积液；暗区呈中或高回声液体声像图为子宫积脓；声像图显示子宫壁无明显增厚变化、无回声暗区，判为阴性。阳性准确率以产犊数（含流产）为准。

3. 判定结果

（1）空怀母牛的子宫声像图　声像图显示子宫体呈实质均质结构，轮廓清晰，内部呈均匀的等强度回声，子宫壁很薄。而妊娠母牛的子宫壁增厚。

（2）怀孕母牛子宫声像图　母牛配种后33和36天，清晰地显示出胚囊和胚斑图像。33天时胚囊实物一指大小，胚斑实物1/3指大小。声像图中子宫壁结构完整，边界清晰，胚囊液性暗区大而明显，液性暗区内不同的部位多见胚斑，胚斑为中低灰度回声，边界清晰。妊娠30～40天，B超诊断的主要依据是声像图中见到胚囊或同时见到胚囊和胚斑。妊娠40天以上时，声像图表现更明显，胚囊和胚斑均明显可见，有时还可见胎心搏动。

（3）子宫内膜炎母牛子宫声像图　子宫内膜炎时由于炎症作用使子宫壁增厚，子宫腔轮廓模糊不清宫腔膨胀，子宫内膜大量脱落，出现大量的组织碎片和炎症渗出液，声像图表现为有许多暗区及光点和雪片状物。牛妊娠32天、43天、66天时B超图像见图2-6、图2-7和图2-8。

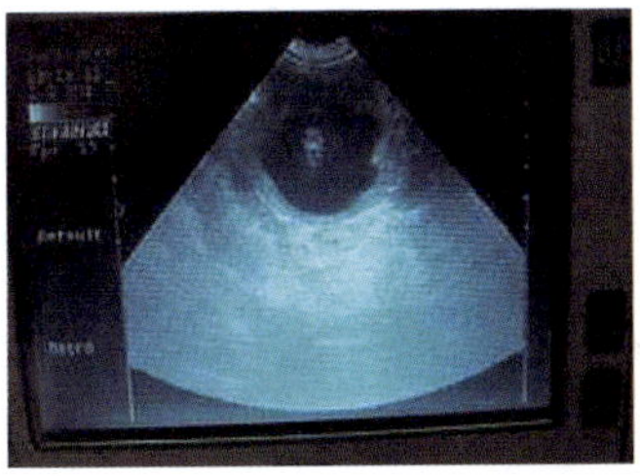

图2-6　妊娠32天

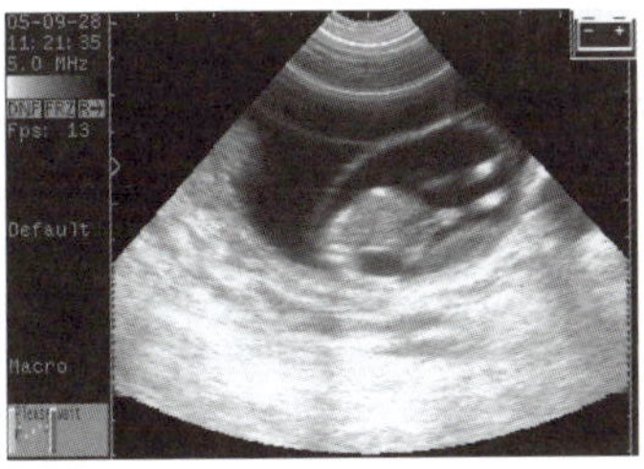

图2-7　妊娠43天

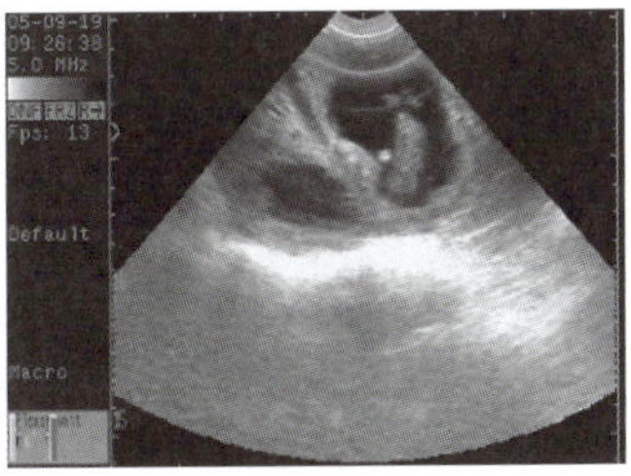

图2-8　妊娠66天

四、母牛难产救助操作

配图	难产方式	难产表现与救助方法
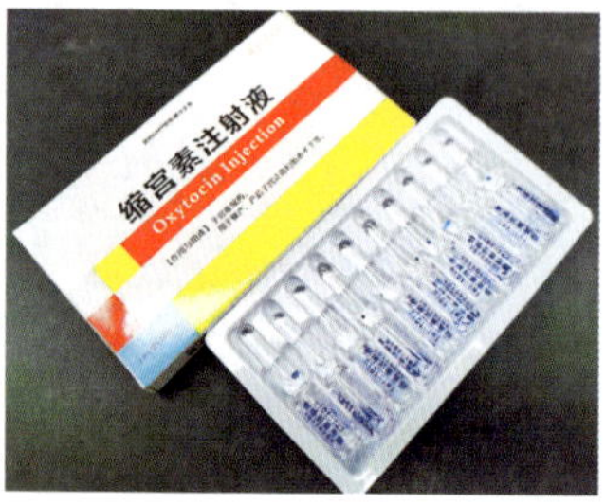	产力不足引起的难产	表现：阵缩和努责微弱而无异常的难产征象。 方法：皮下注射催产素（缩宫素）50～100IU
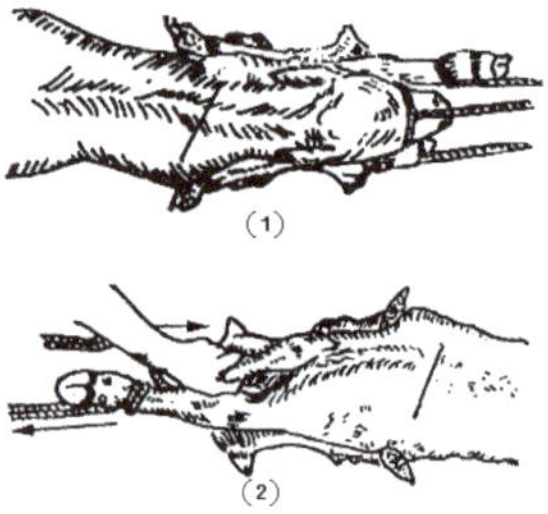	胎儿过大	表现：分娩时胎儿难以通过骨盆腔。 方法：产道内涂上足量的润滑剂，轮流先拉一条腿，再拉另一条腿，使胎儿肩胛以斜的姿势通过骨盆腔
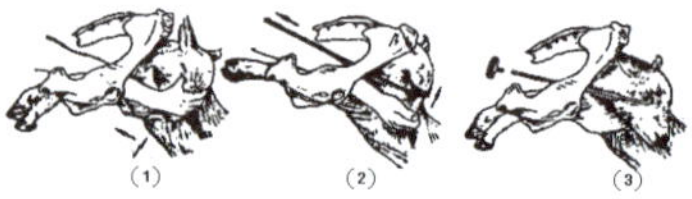	胎头侧转	表现：两前肢伸入产道，其中一肢较长，而另一肢较短，产道检查可触摸到屈转的胎头和弯曲的颈部。 方法：首先使母牛采取前低后高的站立姿势或将母畜后躯垫高，使侧转的胎头处于胎体之上，然后在前肢系上绳子后将胎儿随努责过程拉出子宫。若侧转程度不大，可用手握住眼眶、下颌，矫正后再拉出
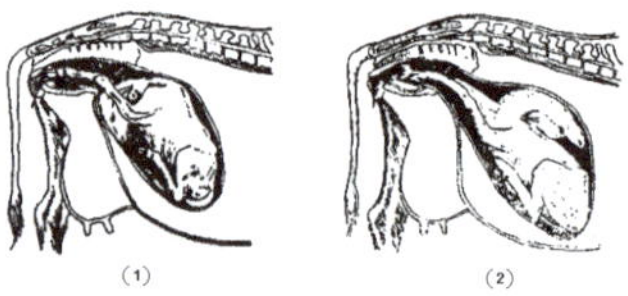	胎头下弯	表现：产出时一前肢或两前肢腕部屈曲，头向下弯，靠向肋骨部，从外部往往看不到犊牛的蹄子或仅能看到蹄尖。 方法：当颈部或额部前置时，可用产科绳缚住下颌，擒住眼眶或握住耳朵，将胎头向后推，同时牵拉产科绳。这两种方法相反力量的配合有较好效果
	前肢腕关节屈曲	表现：一前肢或两前肢腕关节以屈曲的姿势伸向产道，同时，肩、肘及腕关节都屈曲，增大了胎儿肩胛围的体积，致使胎儿不能通过骨盆腔。 方法：用产科绳缚住前置的腿及头，然后顺序地握住掌骨或球节，最后握住蹄子，向上抬并向前推，逐渐把前肢送入骨盆腔，矫正姿势后再拉出胎儿

学业评价

“按规程进行牛繁殖技术操作”学业考核评价表

专业班级:　　　　　　姓名:　　　　　　考核时间:

评价方式	考核内容		评分标准	配分	得分	备注
自我评价（15%）	必备知识	母牛发情鉴定	熟悉母牛发情鉴定的四种方法，计2分	2		通过学银在线进行自我评价
		人工输精	了解人工输精前的准备工作，计2分；熟悉母牛输精适宜时间，计1分；掌握母牛的输精方法，计2分	5		
		妊娠诊断	了解妊娠诊断的意义，计2分；掌握妊娠诊断的方法及注意事项，计3分	5		
		分娩与助产	了解母牛的分娩过程，计1分；掌握助产的基本方法，计2分	3		
教师学业评价（50%）	任务实施	母牛发情鉴定	能依据外部观察法、直肠检查法、试情法和阴道检查法判断母牛发情，计5分	5		按任务达成程度进行评价
		直肠把握子宫颈输精操作	采用直肠把握子宫颈输精法进行输精时，能摸到子宫颈，计10分；能将输精枪送到子宫颈，计5分	15		
		B超检查法进行妊娠诊断操作	能依据外部观察法来判断母牛妊娠，计5分；能依据直肠检查法来判断母牛妊娠，计10分；能利用B超进行妊娠诊断，计5分	20		
		母牛难产救助操作	参与母牛的分娩操作，计5分；会进行牛的助产，计5分	10		
学生互评（35%）	学习过程考核	课前	参加学习资源准备，计5分；完成预习任务，计5分；参与课前讨论，计5分	15		组内互评
		课中	严格遵守课堂纪律，计2分；有秩序地实施任务，并按时完成，计3分；积极参加问题探究，计2分；提出有意义的问题，计3分；完成小组分配的任务，计2分；在线抢答问题且答案正确，计3分	15		组间互评
		课后	能按要求清洁整理所用设备，计3分；学习场所卫生清扫清洁到位，计2分	5		组内互评
总计				100		—

注：90分及以上为优秀等级；75～89分为良好等级；60～74分为合格等级；60分以下为不合格。

课后拓展

- 查阅性控冻精技术理论依据、特点及操作要点，汇总后传至学银在线平台作业栏中。

性控冻精技术理论依据、特点及操作要点

自测练习

1. 母牛发情鉴定的方法有________、________、________和________等。
2. 母牛妊娠诊断常用的方法有________、________。
3. 母牛的一般妊娠期是________天。
4. 牛冷冻精液解冻时的温度要求为________℃，要求精子活力在________%以上。
5. 影响母牛分娩的最主要因素是________。

任务三 按规程进行犊牛饲养管理操作

学习目标

知识目标

1. 能说出犊牛的饲养标准。
2. 能写出犊牛饲养早期补饲的饲料种类和饲喂量。
3. 掌握断乳犊牛的饲养管理要点。

技能目标

1. 会进行初生犊牛的护理操作。
2. 能进行犊牛的早期补饲操作。
3. 能进行犊牛去角的基本操作。

素养目标

1. 通过犊牛饲养过程学习，提升敬业精神。
2. 通过犊牛管理过程操作，培养团队合作精神。

任务描述

犊牛阶段饲养管理的关键性任务是尽早吃到足够的初乳，提高成活率；适时断乳，促进胃肠道发育；加强管理，提高经济效益。参照DB41/T 2583—2024《荷斯坦犊牛饲养管理技术规程》的要求，我们将按图2-9和图2-10所示的内容完成学习任务。

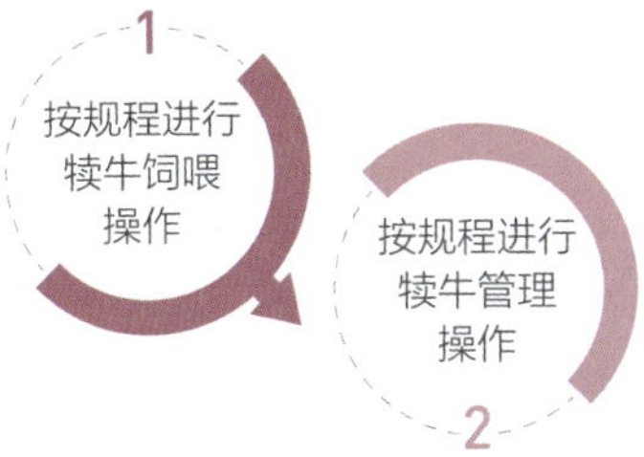

图2-9 “按规程进行犊牛饲养管理操作”实施环节

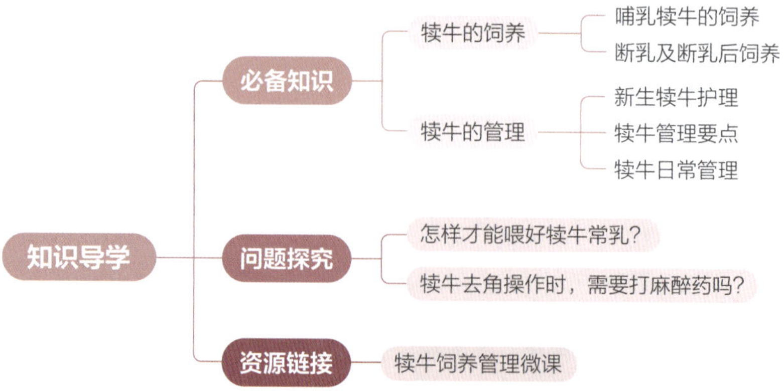

图2-10 “按规程进行犊牛饲养管理操作”知识思维导图

课前准备

一、学习资源准备

通过网络获取DB41/T 2583—2024《荷斯坦犊牛饲养管理技术规程》。

二、完成预习任务

1. 阅读学习相关资源，了解犊牛的生长发育特点。
2. 查阅中国荷斯坦犊牛的培育目标。

三、完成课前讨论

1. 完成《学情分析表》(附录一)。
2. 在线提出预习中存在的问题，并进行相关讨论。

知识链接

一、必备知识

(一) 犊牛的饲养

1. 哺乳犊牛的饲养

哺乳犊牛是指0～60日龄的小牛，哺乳犊牛会经历初乳饲喂和常乳饲喂两个阶段。

(1) 确定哺乳形式　牛的哺乳形式有人工哺乳和自然哺乳。乳用犊牛常采用人工哺乳的形式，肉用犊牛通常采用随母牛自然哺乳。

（2）选择哺乳器皿　常用的哺乳期器皿有哺乳壶和哺乳桶。建议哺乳初期使用哺乳壶，哺乳后期使用哺乳桶，规模较大的牛场使用多嘴桶哺乳能提高工作效率。

（3）训练犊牛哺乳

①初乳的准备：初乳最好是现挤现喂，乳温应保持37～39℃，北方地区冬季乳温可高于标准1～2℃。过热会导致口腔炎症及消化道损伤，过冷易导致犊牛腹泻。

②饲喂初乳：犊牛出生后要尽早地吃到初乳，当犊牛能够站立时（出生后0.5～1h即可站立），灌服4L初乳，将提高犊牛的存活率和生长速度；第2次饲喂初乳的时间是犊牛出生后6h，喂量为2～3kg；第3次饲喂初乳的时间是生后12h，喂量为2～3kg，次日喂量为体重的8%～12%。出生1～4天，每天饲喂3～4次，从第5天开始训练开食料并改为每天2次喂乳，喂乳前需用水浴锅加热使乳温达到37～39℃，能有效预防腹泻。

（4）训练饮水　犊牛出生24h后即可开始饮水，不可以用乳代替饮水。最初2天水温要与乳温相同，可控制在37～39℃，冬季时常饮温水避免犊牛腹泻。

（5）训练采食　犊牛从出生后第4天开始补饲开食料（精料）。犊牛的开食料具有适口性好、高蛋白、高能量、低纤维的特点。其中，粗蛋白含量在20%以上，粗脂肪含量在7.5%～12.5%，粗纤维含量不高于6%。要根据食欲及生长发育速度逐渐增加开食料的饲喂量。训练方法为将少量犊牛开食料（颗粒状）放在乳桶底部或涂抹于犊牛的鼻镜或嘴唇，诱导犊牛自行采食。

2. 断乳及断乳后饲养

（1）适时断乳　应依据犊牛的月龄、体重、精料的营养状况确定适宜的断乳时间。我国大多数奶牛场哺乳期为2个月，设施条件比较先进的奶牛场1.5个月即可断乳。断乳的参数掌握在哺乳量为240～320kg，当开食料日采食量达到1.5kg时即可断乳。

（2）断乳后的饲养　犊牛断乳后，因饲料结构发生了改变，会出现较大的应激反应，有两种情况需要增喂1周开食料。一是表现出日增重偏低、毛色缺乏光泽、身体消瘦时继续饲喂犊牛开食料1周左右；二是转换为小群饲养时仍需喂饲1周的开食料，此时不可饲喂干草或其他饲料。待犊牛适应后，经过2～3天转换为犊牛料。3月龄后有条件的牛场每日可添加0.5～1kg优质苜蓿草。

（3）犊牛饲养方式　常见的有以下几种饲养方式。

①犊牛岛：犊牛岛也称犊牛小屋，大型牛场多采用犊牛岛饲养，每头犊牛单独1岛，岛与岛之间成排对齐放置。常见的犊牛岛规格为：长×宽×高=2.0m×1.2m×1.5m。犊牛岛的材质有木质、纤维板、塑料板或玻璃板等，生产中塑料板使用偏多。犊牛岛通常坐北朝南，东、西、北及顶部分别由塑料板围成，南侧敞开直通运动场，犊牛在运动场内人工哺乳、饮水和饲喂，见图2-11。

②犊牛舍内设有单栏：犊牛舍内设有单栏又称犊牛笼，一般犊牛早期在单栏内饲养，每

犊1栏，见图2-12。牛栏的北面和侧面均为木质或铁质的围栏，栏底设有木质的漏缝地板，便于排粪尿。栏内安装饮水和采食设施，方便犊牛自由饮水与采食。

图2-11 犊牛岛

图2-12 犊牛舍内设有单栏

③犊牛通栏：在牛舍内按犊牛大小进行分群，采用散放自由牛床式的通栏饲养，每个通栏饲养5～10头犊牛。通栏面积据犊牛饲养头数而定，每头犊牛占地面积为2.3～2.8m^2，栏高为1.2m。地面设有自由牛床，上铺垫草，地面坡度为2%。通栏一侧为采食区，安装采食饮水设施。

（二）犊牛的管理

1. 新生犊牛护理

（1）清除犊牛口鼻黏液　犊牛从母体顺利分娩后，应立即清除犊牛口腔和鼻孔内黏液以确保犊牛呼吸畅通，如果发现犊牛出生后呼吸困难，要立即快速将犊牛的后肢提起或倒提犊牛来排除口腔和鼻腔内的黏液。

（2）断脐　多数犊牛的脐带能自然扯断，当清除完犊牛口腔或鼻腔的黏液后，脐带尚未自然扯断时要进行人工断脐。其方法是距离腹部8～10cm处。用手从拟剪处向腹部撸4～5次，然后用消毒后的剪刀将脐带剪断，并挤出脐带中黏液，最后用碘酊进行消毒。为避免犊牛发生脐带炎，30min后再次消毒。通常15天左右，残留的脐带会干枯脱落。

（3）擦干被毛　断脐后应尽快擦干犊牛身上的被毛，立即转入温度适宜的犊牛室。尽力避免分娩母牛舔舐犊牛，以免建立亲情关系，影响挤乳或胎衣排出。

（4）剥离软蹄　剥离犊牛的软蹄有利于犊牛站立。

2. 犊牛管理要点

（1）称重　用电子秤称测犊牛出生重，1月龄时进行测重，然后每间隔3个月测重1次，同时，称测胸围和体高。初生重和月龄体重可反映胚胎期和出生后犊牛的生长发育状况。荷斯坦牛各月龄体重和体尺，参照表2-1。

表2-1　荷斯坦牛各月龄体重和体尺

月龄/月	平均体重/kg	平均胸围/cm	平均体高/cm
初生	41.8	76.2	74.9
1	46.4	81.3	76.2
3	84.6	96.5	86.4
6	167.7	124.5	102.9
9	251.4	144.8	113.1
12	318.6	157.5	119.4
15	376.3	167.6	124.5
18	440.0	177.8	129.5
21	474.6	182.4	132.1
24	527.1	—	137.0

（2）编号　编号方法很多，小型牛场均按本场犊牛出生顺序进行排序，采用2位制或3位制，如001，002，003，…。有的牛场在此基础上加上出生年份，比如2023年出生的犊牛排序为第36个，则编号为2023036。

中国荷斯坦牛国家编号规则由12个字符组成，分为4个部分，即2位省代码+4位牛场号+2位出生年份号+4位牛只号。例如北京市属“华北”编码是“1”，北京市是“1”，则北京代码为“11”。牛场编号的第一位用英文字母代表并顺序编写如A、B、C、…、Z，后三位代表牛场顺序号，用阿拉伯数字表示，如A001、A002、A003、…。若犊牛出生于2023年，则年份编号为23，牛只出生的顺序号用阿拉伯数字表示，不足4位数的用0补齐，顺序号由牛场自行编写。例如：北京郊区某奶牛场，1头荷斯坦犊牛出生于2023年，出生顺序为第36号，其编号为11A001230036（牛场内部管理号为230036）。全国各省（自治区、直辖市）编码见表2-2。

表2-2　全国各省（自治区、直辖市）编码

省（自治区、直辖市）	代码	省（自治区、直辖市）	代码	省（自治区、直辖市）	代码
北京	11	吉林	22	福建	35
天津	12	黑龙江	23	江西	36
河北	13	上海	31	山东	37
山西	14	江苏	32	河南	41
内蒙古	15	浙江	33	湖北	42
辽宁	21	安徽	34	湖南	43

续表

省（自治区、直辖市）	代码	省（自治区、直辖市）	代码	省（自治区、直辖市）	代码
广东	44	云南	53	青海	63
广西	45	西藏	54	宁夏	64
海南	46	重庆	55	新疆	65
四川	51	陕西	61	台湾	71
贵州	52	甘肃	62		

（3）标记　犊牛标记的方法有剪耳号、打耳标、画花片、烙号等数种。其中，塑料耳标法广泛应用于各类牛场。耳标法是将牛的编号写或喷在塑料耳标上，然后用专用的耳标钳将其固定在牛耳上，这种标记法具有清晰、简捷、操作方便的优点。

（4）适时去角　去角常用的方法有药物去角法和电动去角法。

①药物去角法：在犊牛7～12日龄进行药物去角，先剪去角基部的被毛，在角根部周围涂上凡士林，然后用强碱在剪毛处涂抹，直至有微量血丝渗出，通过灼烧、腐蚀破坏角的生长点，达到抑制角生长的目的。

②电动去角法：在犊牛3～5周龄进行。操作时先将电动去角器通电升温至540℃，然后用加热后的去角器处理角基，每个角基根部处理5～10s，利用高温破坏角的生长点细胞，达到不再生长的目的。

（5）剪除副乳头　犊牛出生时，乳头可能多于4个，多余的乳头通常位于1～2个后侧乳头的后面。个别的位于乳房一侧或两侧后乳头之间，称为副乳头。副乳头没有价值，它的存在不利于乳房清洁，而且容易导致乳腺炎，影响产乳性能。因此，在犊牛阶段应剪除被确诊的副乳头。剪除副乳头的时间是2～5周龄。操作方法是使用消毒过的锋利弯剪或刀片，从副乳头与乳房接触部位切断。副乳头若剪除得当很少流血，但也要严格消毒手术部位。如遇蚊蝇繁殖季节可在副乳头周围涂上驱蝇药。另外，若副乳头过小，可待犊牛年龄稍大时再剪除。检验副乳头去除效果要看该牛第1次分娩时是否有明显疤痕为标准，有则说明效果不佳。

3. 犊牛日常管理

（1）卫生管理　做好卫生管理，能预防环境致病发生率。犊牛舍用前2周要进行空栏消毒，消毒程序为：高压水枪冲洗→去污去渍处理→高压水枪冲洗→消毒液冲洗→熏蒸消毒（密封3天以上）。牛舍夏季时每天打扫1次卫生，冬季时2～3天打扫1次卫生，圈内的粪便要及时清理，污染的垫草要及时更换。同时。每次用后要对哺乳用具进行严格清洗和消毒。其程序为：冷水冲洗→温热的碱性洗涤水冲洗→温水漂洗干净→倒置晾干，使用前再用紫外线灯消毒30min。

（2）健康观察　在犊牛日常管理中要注意观察异常情况并及时处理，达成犊牛成活率目标。具体观察内容主要包括犊牛的被毛、眼神、食欲、粪便、病症临床表现等情况。同时还要观察环境条件是否适宜、饲料是否有变质变味现象、生长发育是否正常等。

（3）刷拭管理　刷拭犊牛可有效地保持牛体清洁，促进牛体血液循环，增进人与牛之间的亲和力。每天给犊牛刷拭1～2次，要求毛刷软、手法轻。有条件的牛场可为犊牛提供电动皮毛梳理器，使牛的舒适感得到充分满足。

（4）运动管理　运动能增进犊牛的体质与健康。在温暖时节，犊牛出生后2～3天即可到舍外进行短时间的运动，最初运动时间每天不超过1h。随着日龄增加，逐步延长舍外运动的时间，1月龄后每日运动至少4h，或任其自由活动。冬季除大风大雪天气外，10日龄以后即可在背风向阳的运动场自由活动。

（5）分群管理　牛场应在颈枷上做好断乳后犊牛的体高标识，6月龄应达到110cm，每月测完生长指标后，依据牛只体型大小合理的调群，避免因为有次序等级性而出现以大欺小、以强欺弱现象。

二、问题探究

1. 怎样才能喂好犊牛常乳？
2. 犊牛去角操作时，需要打麻醉药吗？

三、资源链接

犊牛饲养管理
微课

任务实施

一、按规程进行犊牛饲喂操作

配图	食料类型	操作方法及要求
	饲喂初乳	定温饲喂：温度控制在37～39℃，北方地区冬季可高于标准1～2℃。 定时定量：犊牛出生后24h内最好饲喂2～3次初乳，总饲喂量为4～8kg。第1次饲喂，需在犊牛出生后2h内，能勉强站立时，饲喂2～4kg初乳。第2次饲喂，出生后6h内，饲喂2kg初乳。第3次饲喂，出生后12h内，饲喂2kg初乳

配图	食料类型	操作方法及要求
	饲喂常乳	定质：禁止饲喂劣质或变质牛乳、含抗生素牛乳、发霉变质饲料及被污染的饮水。 定量：每头每日饲喂牛乳5～8kg。 定时：每天7：00、12：00、17：00饲喂，与奶牛挤乳时间保持一致。 定温：乳温在37～39℃。 定人：固定饲喂人员，以免发生应激
	补喂干草	时间：犊牛生后1周龄训练采食干草。 方法：在牛槽或草架上放置优质干草任其自由采食
	补喂精料	时间：犊牛生后10天左右开始训食。 方法："粉料+食盐"涂于犊牛口鼻处，教其舔食。最初几天日喂量为10～20g，几天后增加到100g左右
	补喂青绿多汁饲料	时间：犊牛生后20天在精料中加入切碎的胡萝卜或幼嫩的青草。 喂量：从10～20g/天逐渐增到2月龄喂量为1～1.5kg/天

配图	食料类型	操作方法及要求
	青贮饲料	时间：犊牛生后60天开始供给。 喂量：从100g/天，逐渐增到3月龄喂量为1.5～2kg/天
	饮水	初乳期：两次喂乳间隔时间内供给温开水； 15天后改饮常温水； 30天后任其自由饮水

二、按规程进行犊牛管理操作

配图	管理内容	操作方法及要求
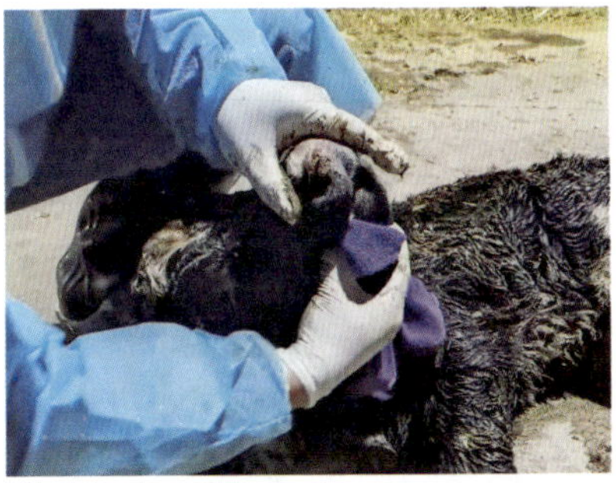	新生犊牛护理	清除犊牛口鼻黏液：犊牛出生后立即用干净毛巾擦拭口鼻黏液及体表黏液
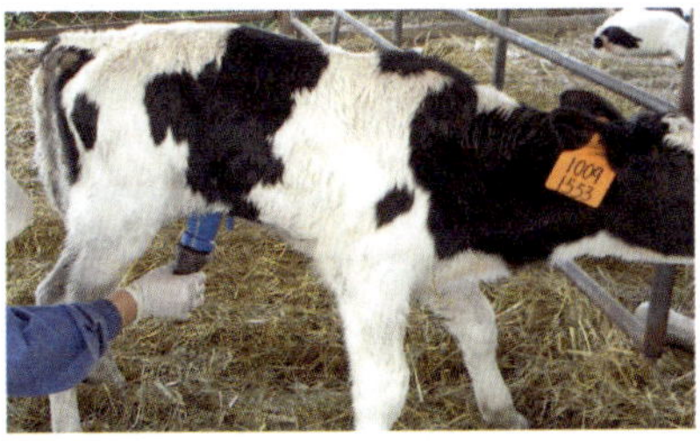		断脐：用消毒的剪刀将犊牛脐带在5cm左右处剪断，然后用浓碘酊消毒。少数犊牛自动断脐

配图	管理内容	操作方法及要求
	新生犊牛护理	擦干被毛：将涂粉抹于犊牛全身（头部除外），包括脐带处，每头犊牛用量300～500g。然后剥离软蹄，使犊牛站立
	犊牛管理要点	称重：用电子秤称测犊牛出生体重，记录数据
		编号：多采用耳标法将牛的编号写或喷在塑料耳标上，然后用专用的耳标钳将其固定在牛耳上
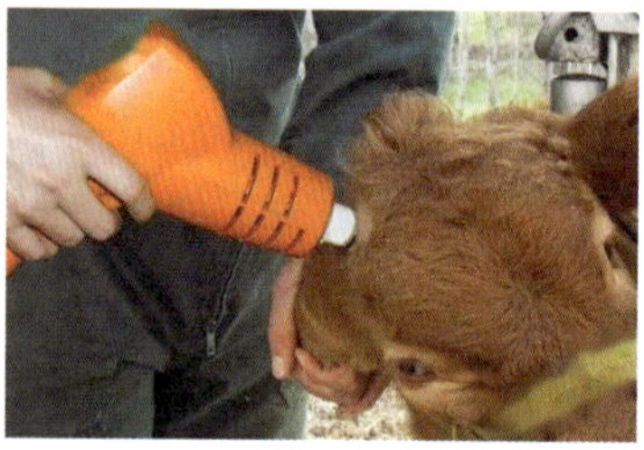		去角：3～5周龄时，使用电动去角器处理角基根部5～10s
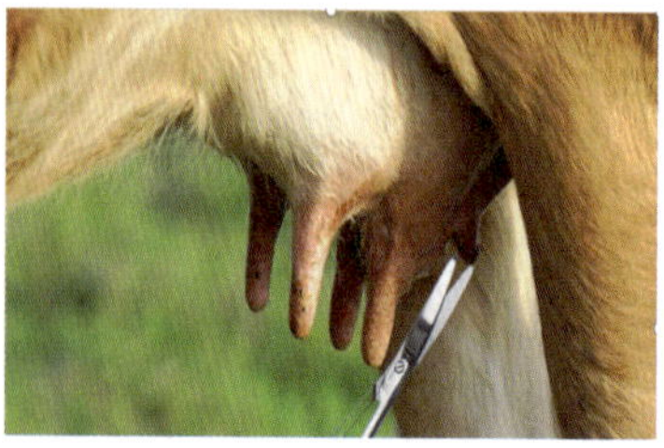		剪除副乳头：2～5周龄时用消毒过的锋利弯剪从副乳头与乳房接触部位剪断

配图	管理内容	操作方法及要求
	犊牛日常管理	卫生管理：空舍消毒；奶桶、饲槽清洁与消毒；牛栏勤换垫草与消毒，皮肤刷拭1～2次/天
		健康观察：犊牛的被毛、眼神、食欲、粪便、病症临床表现等
		运动管理：犊牛出生后在犊牛岛的运动场适量运动，随着日龄增加，不断加大运动量
		分群管理：依据牛只体型大小合理地调群

学业评价

“按规程进行犊牛饲养管理操作”学业考核评价表

专业班级：　　　　　　　姓名：　　　　　　　考核时间：

评价方式	考核内容		评分标准	配分	得分	备注
自我评价（15%）	必备知识	犊牛的饲养	掌握哺乳犊牛的饲养知识，计3分；掌握犊牛断乳后饲养要点，计2分	5		通过学银在线进行自我评价
		犊牛的管理	熟悉新生犊牛的护理方法，计5分；掌握犊牛管理要点，计3分；掌握犊牛日常管理方法，计2分	10		
教师学业评价（50%）	任务实施	按规程进行犊牛饲喂操作	会定时、定量、定温饲喂初乳，计5分；能按“五定”原则饲喂常乳操作，计5分；会进行补喂干草、精料和青绿多汁饲料的操作，计3分；能按水质给犊牛饮水，计2分	15		按任务达成程度进行评价
		按规程进行犊牛管理操作	会清除新生犊牛口鼻黏液，计5分；能按要求给犊牛断脐，计5分；能及时为新生犊牛擦干被毛，计5分；会用电子秤称测犊牛出生重，计5分；会进行犊牛耳标编号，计5分；会使用电动去角器，计5分；会日常管理犊牛，计5分	35		
学生互评（35%）	学习过程考核	课前	参加学习资源准备，计5分；完成预习任务，计5分；参与课前讨论，计5分	15		组间互评
		课中	严格遵守课堂纪律，计2分；有秩序地实施任务，并按时完成，计3分；积极参加问题探究，计2分；提出有意义的问题，计3分；完成小组分配的任务，计2分；在线抢答问题且答案正确，计3分	15		组间互评
		课后	能按要求清洁整理所用设备，计3分；学习场所卫生清扫清洁到位，计2分	5		组间互评
总计				100		—

注：90分及以上为优秀等级；75～89分为良好等级；60～74分为合格等级；60分以下为不合格。

课后拓展

- 查阅资料，说明牛初乳的功效与作用，并传至学银在线平台作业栏中。

自测练习

1. 犊牛喂初乳要求温度控制在________℃为好。
2. 犊牛需在________月龄前进行去角。
3. 饲喂常乳的“五定”是指________、________、________、________和________。
4. 犊牛生后约________天开始训食。
5. 日常管理时，要求每天给犊牛刷拭________次。

任务四 按规程进行育成牛饲养管理操作

学习目标

知识目标

1. 熟悉7～12月龄育成牛、13～18月龄育成牛和初孕母牛饲养要点。
2. 掌握育成牛的管理要点。
3. 了解7～12月龄育成牛所用的精饲料原料名称及3种精饲料配方的各自优势。

技能目标

1. 会制订13～18月龄育成牛的饲养方案。
2. 能按每头每日需要量制订初孕母牛饲养方案。
3. 会对育成牛进行合理分群。
4. 筛选13～18月龄育成牛最适日粮配方。

素养目标

1. 在学习育成牛各月龄饲养技术中，培养职业态度和提升敬业精神。
2. 在学习饲料配方过程中，思考饲料资源的合理利用，提升经营管理能力。
3. 在育成牛饲养的生产劳动中，培养适应能力和劳动精神。

任务描述

育成牛饲养管理的好坏与母牛未来繁育性能和生产潜能的发挥息息相关。为了做好育成牛的饲养管理，依据GB/T 37116—2018《后备奶牛饲养技术规范》的要求，我们将按图2-13和图2-14所示的内容完成学习任务。

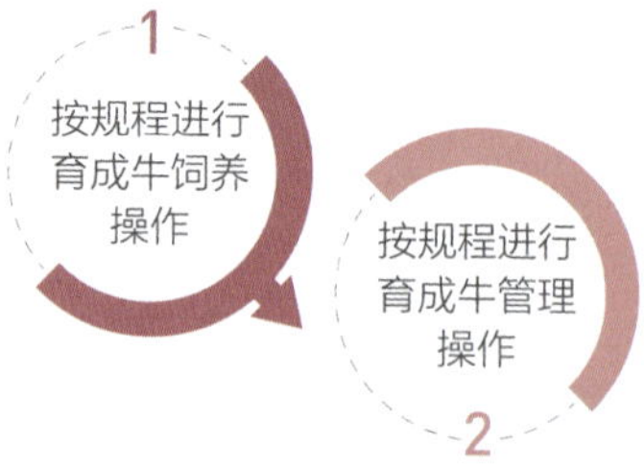

图2-13 “按规程进行育成牛饲养管理操作”实施环节

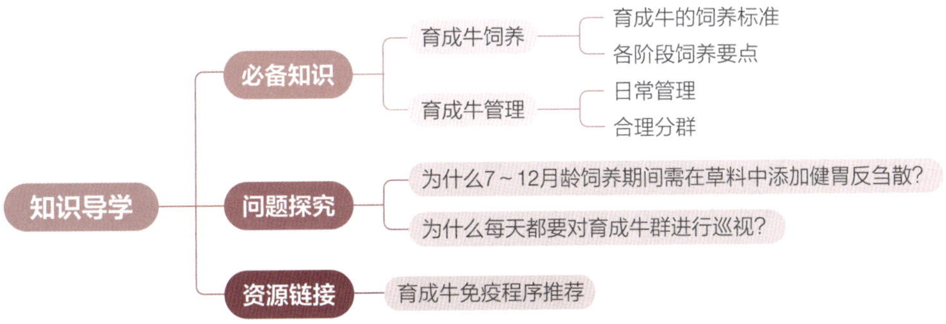

图2-14　“按规程进行育成牛饲养管理操作”知识思维导图

课前准备

一、学习资源准备

通过网络获取GB/T 37116—2018《后备奶牛饲养技术规范》。

二、完成预习任务

1. 阅读学习相关资源，了解育成牛的养育阶段。
2. 阅读学习资源，熟悉育成牛的培育目标。

三、完成课前讨论

1. 完成《学情分析表》(附录一)。
2. 在线提出预习中存在的问题，并进行相关讨论。

知识链接

一、必备知识

(一) 育成牛饲养

1. 育成牛的饲养标准

(1) 饲料标准　育成牛的饲料应该是高质量、均衡的饲料。包括精饲料和粗饲料。精饲料中富含蛋白质、能量和矿物质，要求营养均衡，粗饲料要求新鲜、干燥、无霉变。

(2) 饮水标准　育成牛需要充足的清洁的饮水，水质洁净、无污染，水槽要定期清洗与消毒。

2. 各阶段饲养要点

（1）7～12月龄育成牛饲养　此阶段育成牛利用粗饲料的能力明显提高，日粮以优质粗饲料为主，营养价值低的秸秆不应超过粗饲料总量的30%，精料喂料量约为2.5kg。7月龄日增重应为0.7～0.8kg，12月龄体重接近300kg，体高为115～120cm。7～12月龄育成牛精饲料配方参照表2-3，同时在草料中添加健胃反刍散，用量为500g拌草料500g健胃反刍散。

（2）13～18月龄育成牛饲养　按每头每日需要量计算，13～18月龄育成牛精饲料配方参照表2-4。

（3）初孕母牛饲养　初孕母牛指初配受胎至产犊前的母牛。发育正常的母牛在15～16月龄已经配种怀孕，该阶段除母牛自身生长所需营养外，还要供给胎儿和乳腺的发育所需营养。初孕母牛不得过肥，以则能看清最后两根肋骨为较理想膘情。

妊娠初期，胎儿增长不快，此时的饲养与配种前基本相同，以粗饲料为主。根据具体膘情补充一定数量的精料，保证优质干草的供应。舍饲育成母牛，精料和青贮饲料每天喂饲3次，精料日喂量3kg左右，每次饲喂后饮水，可在运动场内自由采食干草。

妊娠后期（产前3个月）胎儿生长迅速，乳腺发育较快，所需营养日渐增多，可将精饲料提高至3.5～4.5kg；玉米青贮和苜蓿要限量喂给；食盐和矿物质的喂量加以控制防止乳房水肿；要满足维生素A和钙、磷的补充。初孕母牛精饲料配方参照表2-5。

表2-3　7～12月龄育成牛精饲料配方

成分	配方1/%	配方2/%	配方3/%
玉米	50	50	48
麸皮	15	17	10
豆粕	15	10	25
葵花籽饼	—	8	—
棉仁饼	6	7	10
玉米胚芽饼	8	—	—
饲用酵母粉	2	4	2
碳酸钙	1	—	—
石粉	—	1	1
碳酸氢钙	1	1	1
食盐	1	1	1
预混料	1	1	2

资料来源：闫明伟，邓双义. 牛生产［M］. 北京：中国农业出版社，2021.

表2-4　13～18月龄育成牛精饲料配方

成分	配方1/%	配方2/%	配方3/%	配方4/%	配方5/%
玉米	47	45	48	47	40
麸皮	21	17.5	22	22	28
豆粕	13	—	15	13	26
葵花籽饼	8	17	—	8	—
棉仁饼	7	8	5	7	—
玉米胚芽饼	—	7.5	—	—	—
碳酸钙	1	1	—	1	—
石粉	—	—	1	—	—
碳酸氢钙	1	1	1	1	—
饲用酵母粉	—	—	5	—	—
尿素	—	—	—	—	2
食盐	1	2	1	1	1
预混料	1	1	2	—	3

资料来源：闫明伟，邓双义．牛生产［M］．北京：中国农业出版社，2021.

表2-5　初孕母牛精饲料配方

成分	比例/%
玉米	50
豆粕	25
玉米生产乙醇糟（DDGS）	20
育成牛复合预混料	5

资料来源：闫明伟，邓双义．牛生产［M］．北京：中国农业出版社，2021.

（二）育成牛管理

1. 日常管理

（1）卫生管理　饲养密度不得超过颈夹数量，牛舍的牛床上和运动场内不得有石头、钢管或木板等杂物。育成牛所用水槽每周清洗2次，所有料槽每周清理1次；牛体每天刷拭1次，每次5～10min；粪道每天清理1次。

（2）运动管理　育成牛通常以散养为主，每天放进运动场让其自由活动，活动时间至少2h以上。运动场要保持清洁卫生，面积不少于每头15m^2。若放牧饲养，则运动时间充足，可达到运动要求。

（3）乳房按摩　对6～8月龄的母牛每天按摩其乳房2次，每次按摩先用热毛巾擦洗乳房，然后从乳房两侧轻轻按摩，最后用两手轮换握擦4个乳头，全过程需要3～4min。对已妊娠的育成牛，妊娠后5～6个月开始每天按摩乳房1次，但严禁试挤乳头，产前半个月停止按摩。

（4）繁殖管理　育成母牛15月龄或体重达到350kg以上时开始初配，也可以采用直肠检查法判断配种时间，计算好预产期。对妊娠母牛要注意保胎，防止其跑、跳或相互顶撞等机械性流产，也要注意饲料不能发霉变质，不能喝冰冻的水。

（5）检测体况　育成牛体况评分应为3～3.5分，荷斯坦后备母牛产前最佳体高是138～141cm。10月龄开始每年春秋两季各进行1次检蹄和修蹄，以保证牛蹄健康。

在日常管理过程中，要求每天都要对育成牛群进行巡视。

2. 合理分群

每个月15日前对所有6月龄犊牛称量体重、记录，并将信息录入系统。将体重达标的牛只，从犊牛舍转入育成牛舍，合格率需达95%以上。有条件的牛场需每个月对育成牛进行分群，分群时一般将同一个月份出生牛放在同一个舍内饲养。若数量少时按三类进行分群，即7～12月龄、13～18月龄和初配受胎至分娩。

二、问题探究

1. 为什么7～12月龄饲养期间需在草料中添加健胃反刍散？
2. 为什么每天都要对育成牛群进行巡视？

三、资源链接

育成牛免疫程序推荐

任务实施

一、按规程进行育成牛饲养操作

配图	饲养阶段	饲养方案设计（以每头每日需要量计）
	7～12月龄育成牛饲养	7～8月龄：精料2.5kg、玉米青贮3kg、干草2.0kg。 9～10月龄：精料2.5kg、玉米青贮5kg、干草2.0kg。 11～12月龄：精料2.5～3.0kg、玉米青贮10kg、干草2.5～3.0kg

配图	饲养阶段	饲养方案设计（以每头每日需要量计）
	13～18月龄育成牛饲养	13～14月龄：精料2.5kg、玉米青贮13kg、干草2.5kg、糟渣类2.5kg。 15～16月龄：精料2.5kg、玉米青贮13.2kg、干草3.0kg、糟渣类3.3kg。 17～18月龄：精料2.5～3.0kg、玉米青贮13.5kg、干草3.5kg、糟渣类4.0kg
	初孕母牛饲养	19月龄：精料2.5kg、玉米青贮14kg、干草3.0kg。 20月龄：精料2.5kg、玉米青贮16kg、干草3.0kg。 21月龄：精料3.5kg、玉米青贮12kg、干草3.5kg。 22～24月龄：精料4.5kg、玉米青贮8～5kg、干草4.5～5.5kg

二、按规程进行育成牛管理操作

配图	管理内容	管理操作
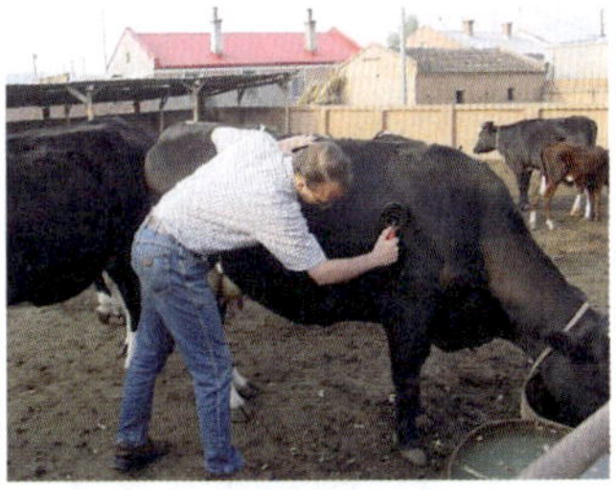	日常管理	卫生管理：每周清洗料槽，每0.5周清洗水槽，每天清粪，每天刷拭牛体
		运动管理：每天至少2h，母牛自由运动；公牛运动不足时进行驱赶运动，放牧时有足够的运动量
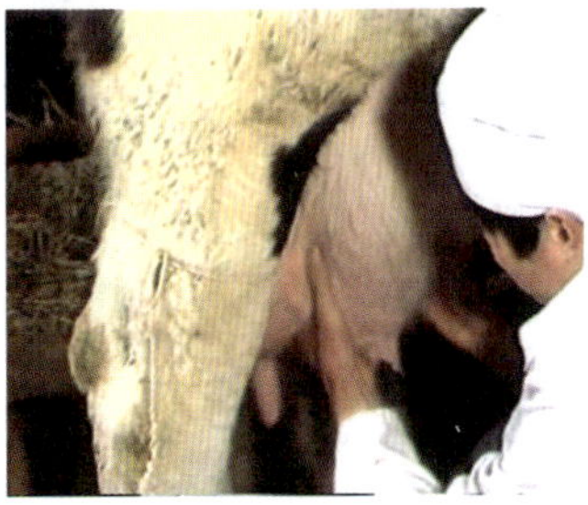		乳房按摩：对6～8月龄的母牛每天按摩其乳房2次，每次按摩3～4min；对已妊娠的育成牛，妊娠后5～6个月开始每天按摩乳房1次，产前半个月停止按摩

配图	管理内容	管理操作
	日常管理	繁殖管理：育成牛满15～18月龄要仔细观察发情表现，体重375kg左右时，应及时配种。妊娠母牛冬季饮温水，不对其进行粗暴管理，不喂霉变及冰冻饲料，防止流产
	分群	分成四群：7～9月龄、10～12月龄、13～18月龄、19月龄至配种。若数量少时按三类进行分群。每个牛群营养水平、日粮组成均有较大的差异

学业评价

“按规程进行育成牛饲养管理操作”学业考核评价表

专业班级：　　　　　　姓名：　　　　　　考核时间：

评价方式	考核内容		评分标准	配分	得分	备注
自我评价（15%）	必备知识	育成牛饲养	了解育成牛的饲养标准，计3分；熟悉育成牛各阶段饲养要点，计3分	6		通过学银在线进行自我评价
		育成牛管理	了解育成牛卫生管理和运动管理要点，计3分；掌握按摩乳房时间和方法，计3分；熟悉繁殖管理和检测体况内容，计3分	9		
教师学业评价（50%）	任务实施	按规程进行育成牛饲养操作	会提供7～12月龄、13～18月龄及初孕母牛饲养所需的精料、玉米青贮及干草等饲料，计15分	15		按任务达成程度进行评价
		按规程进行育成牛管理操作	会管理育成牛的卫生和运动，计10分；会按摩乳房，计10分；会进行繁殖管理，计10分；会评价体况，计5分	35		
学生互评（35%）	学习过程考核	课前	参加学习资源准备，计5分；完成预习任务，计5分；参与课前讨论，计5分	15		组间互评
		课中	严格遵守课堂纪律，计2分；有秩序地实施任务，并按时完成，计3分；积极参加问题探究，计2分；提出有意义的问题，计3分；完成小组分配的任务，计2分；在线抢答问题且答案正确，计3分	15		组间互评

续表

评价方式	考核内容		评分标准	配分	得分	备注
学生互评（35%）	学习过程考核	课后	能将育成牛饲养管理后的工具收拾到位，计3分；能完成课后拓展任务，计2分	5		组间互评
总计				100		—

注：90分及以上为优秀等级；75~89分为良好等级；60~74分为合格等级；60分以下为不合格。

课后拓展

- 查阅育成牛放牧饲养的利与弊，并传至学银在线平台的作业栏中。

自测练习

1. 育成牛划分是从________月龄至________，其中，配种后至分娩前又称为________。
2. 育成牛每天要刷拭________次，每次________min。
3. 分群时同性别的年龄和体格大小应该相近，月龄差异一般不应超过________个月，体重差异低于________kg。

任务五　按规程进行成奶牛饲养管理操作

学习目标

知识目标

1. 熟悉TMR技术饲养奶牛要点。
2. 掌握奶牛泌乳期各阶段的饲养目标。
3. 掌握奶牛围产期饲养管理要点。
4. 理解挤乳原理和泌乳生理。
5. 掌握干乳期奶牛饲养管理要点。

技能目标

1. 会进行成奶牛日常管理操作。
2. 会进行全混合日粮的调制。
3. 挤乳前会进行乳房的清洗与按摩。
4. 会进行机器挤乳操作。

素养目标

1. 对比国内外成奶牛的泌乳量，思考其差距所在，树立为振兴牧业而奋斗的远大理想。
2. 在无菌挤乳操作过程中，体会食品安全的重要性，树立绿色发展理念。
3. 在挤乳后清理工作中，养成良好的工作习惯和操作规范。

任务描述

为了确保母牛健康、稳产、高产，必须根据围产期和泌乳期不同生理状态的要求，加强泌乳母牛的饲养管理。依据NY/T 34—2004《奶牛饲养标准》和DB11/T 150.3—2019《奶牛饲养管理技术规范　第3部分：饲养与饲料》要求，我们将按图2-15和图2-16所示的内容完成学习任务。

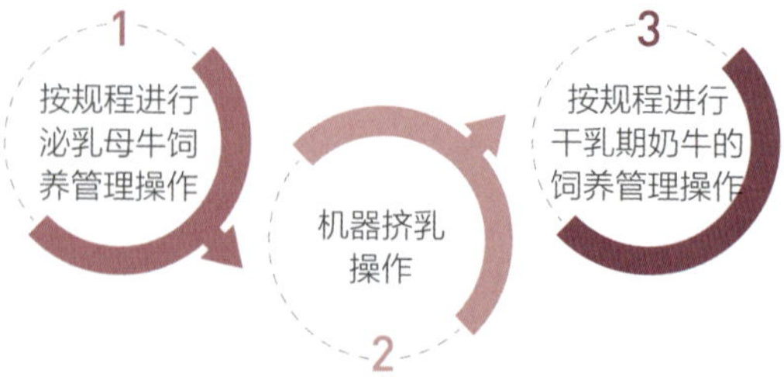

图2-15 “按规程进行成奶牛饲养管理操作”实施环节

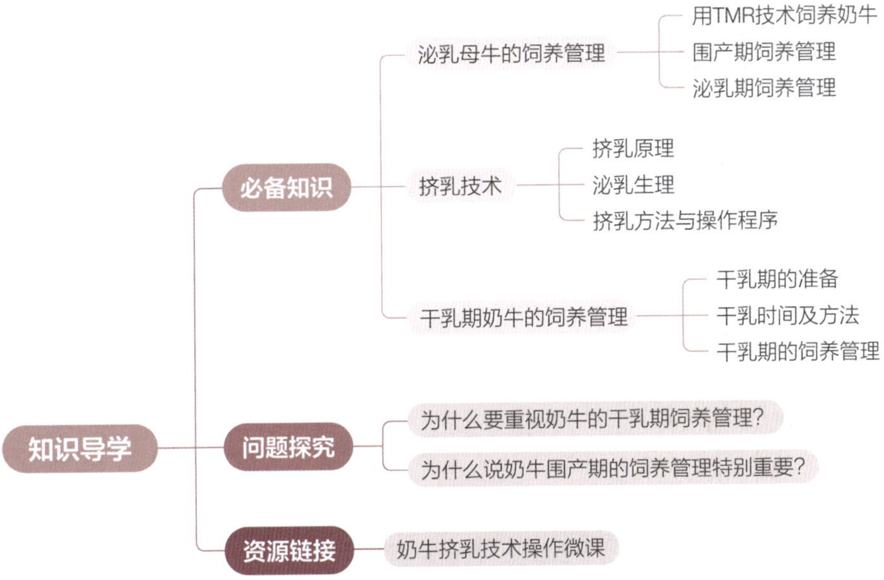

图2-16　“按规程进行成奶牛饲养管理操作”知识思维导图

课前准备

一、学习资源准备

通过网络获取NY/T 34—2004《奶牛饲养标准》和DB11/T 150.3—2019《奶牛饲养管理技术规范　第3部分：饲养与饲料》。

二、完成预习任务

1. 阅读相关资料，了解奶牛生产周期。
2. 查阅什么是TMR技术。

奶牛生产周期

三、完成课前讨论

1. 完成《学情分析表》(附录一)。
2. 在线提出预习中存在的问题，并进行相关讨论。

知识链接

一、必备知识

（一）泌乳母牛的饲养管理

泌乳母牛的饲养管理分为两个方面，一个是围产期饲养管理，另一个是泌乳期的饲养管理。要根据围产期和泌乳期不同生理状态的要求，进行饲养管理，确保母牛健康、稳产、高产。

1. 用TMR技术饲养奶牛

在养牛生产中，牛的饲喂比较费工费时、投喂量也不均衡，可以根据具体养殖情况，采用全混合日粮（Total mixed ration，TMR）饲喂技术，即TMR技术。

全混合日粮是根据奶牛日粮配方，将粗饲料、精饲料以及矿物质、维生素等饲料添加剂放在专用设备内，加适量水充分搅拌、切割、混合而制成的营养均衡的日粮，目前已被多数奶牛场广泛应用。

2. 围产期饲养管理

围产期是指母牛产前、产后各21天，可分为围产前期和围产后期。围产期是母牛生理功能发生巨大变化的时期，也是疾病多发期，如酮病、分娩应激、子宫炎症、乳腺炎、产后瘫痪、皱胃变位等。

（1）围产前期饲养管理

①围产前期的饲养：对临产前母牛应采取以优质干草为主，逐渐增加精料的方法，精、粗饲料比以5：5为宜。临产前2～7天，精料中可提高麸皮含量，以防止母牛发生便秘；临产前7天的母牛，可酌情多喂些精料并增加喂料量。最大喂料量不超过体重的1%。围产前期的日粮组成因地制宜，如糟粕料和块根茎料5kg，混合精料3～6kg，优质干草2～4kg，青贮饲料10～15kg。

②围产前期的管理：分娩前15天转入产房，使其适应产房环境。在产房内每牛占一个产栏，不系绳，任母牛在栏内自由活动。牛床应铺厚约15cm的清洁、干燥、柔软的垫草。临产前3天根据乳房充盈程度对乳头进行药浴，每天1次。产房需昼夜有人值班，当母牛有分娩症状时，及时赶入消毒好的产间，一般情况下母牛可自然分娩。若需助产，应由专业兽医按规定程序进行助产。

（2）围产后期饲养管理

①围产后期的饲养：为了减轻产后母牛乳腺机能的活动并依据母牛产后消化机能较弱的特点进行科学饲养。

②围产后期的管理：分娩后21天之内每天要做好奶牛的饲喂观察与管理记录，如有异

常立即查明原因，及时处理。

3. 泌乳期饲养管理

泌乳母牛饲养管理通常包含泌乳前期、中期、后期三个阶段的饲养管理。

（1）泌乳前期饲养管理　泌乳前期是指分娩后第22～100天，也称泌乳盛期。该阶段，母牛产乳量迅速上升，产乳高峰出现在第4～8周。食欲逐渐恢复正常，但最大干物质进食量通常出现在产后第10～14周，这一时期母牛处于能量负平衡状态。

①泌乳前期的饲养：坚持以“料领着乳走”的原则，精料增加到产乳量不再上升为止并持续一段时间，注意精粗饲料比例、乳料比及产乳量与干物质进食量比，合理添加维生素、矿物质和微量元素，稳定瘤胃内环境。为了预防瘤胃酸中毒可在日粮中添加1%～1.5%的缓冲剂，即碳酸氢钠和氧化镁之比为2：1。

②泌乳前期的管理：最好把泌乳前期牛单独组群饲养。要求环境条件适宜、卫生消毒到位，每天及时进行观察并做好记录。

（2）泌乳中期饲养管理　泌乳中期是指分娩后第101～200天，该时期多数母牛处于妊娠早期或中期，产乳量呈下降趋势，母牛处于能量正平衡状态。

①泌乳中期的饲养：以“料跟着乳走”为原则，即随着产乳量的下降而逐渐减少精料的喂量，对采取全混合日粮饲养技术的牛场，精、粗饲料比为50：50，注意能量和蛋白质的平衡。

②泌乳中期的管理：采取分群饲养，每天定时挤乳3次。保持足够运动，保持圈舍人工小气候环境，定期消毒，定期观察牛群并做好记录，发现异常情况及时处理。

（3）泌乳后期饲养管理　泌乳后期是指分娩后第201天至干乳期。

①泌乳后期的饲养：饲养原则是“料跟着乳走”。泌乳初期损失的体重要在泌乳后期补齐，但对于过肥、过瘦的奶牛要进行调群调料干预，对体况评分低于3.5分的奶牛适当提高日粮中的能量饲料比例。

②泌乳后期的管理：每天定时挤乳3次，做好乳房保健，增强乳腺炎监测力度。圈舍需配备防暑、防寒设施，控制好牛舍通风、采光、温度、湿度等，做好食槽、水槽、通道、牛床等区域的日常卫生维护及消毒工作，防止奶牛流产。

（二）挤乳技术

挤乳技术是发挥奶牛产乳性能的关键技术之一，同时，挤乳技术还与牛乳卫生和乳腺疾病的发生率密切相关。

1. 挤乳原理

挤乳原理是借助机器或手势，利用牛的排乳反射，模拟犊牛哺乳动作，将乳汁从乳房中挤出。

2. 泌乳生理

泌乳是成年母牛分娩后，通过神经、激素的调节维持乳腺分泌的活动。在激素的作用下，乳腺上皮细胞与周围血管发生物质交换，经选择性吸收，将血液中蛋白质、葡萄糖、甘油三酯等物质在乳腺上皮细胞内转变为乳蛋白、乳糖和乳脂肪等，并分泌到乳腺腺泡腔，再经乳腺导管系统转运至乳池保存。当泌乳母牛受到犊牛哞叫、吮乳、按摩、挤乳、挤乳员呼唤和挤乳器声响等刺激时，体内开始大量分泌催产素，乳腺导管和乳头外周肌肉紧张度改变，经犊牛嘴巴或挤乳人员双手或挤乳机杯组有规律地挤压后，乳汁经乳腺导管、乳池和乳头排出体外。

3. 挤乳方法与操作程序

挤乳方式分为手工挤乳和机械挤乳。

（1）手工挤乳　手工挤乳是我国小型牛场或养牛大户常采用的一种挤乳方法。大、中型牛场只有在奶牛患乳腺炎时才进行手工挤乳。因此，要求挤乳人员除掌握机器挤乳技术外，还要熟练掌握手工挤乳；挤乳前参与饲喂奶牛工作，建立人与牛亲和力。手工挤乳的操作流程为：准备工作→乳房的清洗与按摩→乳房健康检查→挤乳前乳头药浴→挤乳作业→乳后药浴。手工挤乳的工作程序详见微课。

（2）机器挤乳

①挤乳机工作原理：挤乳机的工作原理是模仿犊牛吮乳动作，挤乳作业由真空泵和挤乳杯协同完成。在挤乳杯的作用下，一个挤乳节拍和一个休息节拍交替进行并完成一个挤乳周期。处于挤乳节拍时，真空泵经气管将挤乳杯双层套管内空气抽出，杯口收紧，套管内的真空负压形成一定吸力，使乳头孔张开，将乳汁吸出。处于休息节拍时，脉动泵换挡，套管内形成正压，杯口放松，挤乳杯下部封闭，处于休息状态。挤乳节拍设定为60～80次/min，奶牛挤乳工作应在6min内完成。

②机械挤乳技术操作流程：准备工作→挤乳前检查→擦洗按摩乳房→弃掉头两把乳→挤前乳头药浴→套乳杯→挤乳→卸乳杯→挤后乳头药浴→卫生清理。奶牛挤乳顺序为头胎奶牛、健康奶牛先挤乳，按高、中、低产牛群依次进行，最后是患病奶牛且其挤出的奶要单独收集。

（三）干乳期奶牛的饲养管理

奶牛分娩前60天左右停止挤乳，这段时间称为干乳期，该阶段的牛称为干乳期奶牛，加强干乳期奶牛饲养管理十分重要。

1. 干乳前的准备

（1）干乳期奶牛的选择　奶牛预产期前70～84天，根据预产期记录确定要进行干乳的牛只，干乳期体况评分应为3.25～3.75分。

（2）修蹄　干乳前20～30天需进行修蹄。

（3）乳腺炎的检测　干乳前7～14天对计划干乳的牛只进行乳腺炎检测，如发现奶牛患有乳腺炎，则治愈后再进行干乳。

2. 干乳时间及方法

（1）干乳期长短确定　干乳期一般为60天，头胎牛、体弱牛、老龄牛、高产牛的干乳期最长应不超过75天，否则将影响牛体健康和生产性能。对于体格强壮、营养状况良好、产乳量较低的奶牛，干乳期可缩短至45天。

（2）干乳方法　有逐渐干乳法和快速干乳法。其中，逐渐干乳法用1～2周时间使奶牛泌乳停止。适用于高产奶牛或者患有乳房炎的母牛。具体方法是：从干乳第1天开始，逐渐减少精饲料和多汁饲料，限量饮水，延长运动时间；由每天挤乳3次改为2次，而后每天1次或隔日1次；停止对乳房的按摩。当产乳量下降至5kg时，即停止挤乳。快速干乳法需用5～7天时间使奶牛泌乳停止。适用于中产牛或低产牛。具体方法是：自干乳第一天起，适当减少多汁饲料的饲喂，控制饮水，停喂精饲料，减少挤乳次数并打乱挤乳时间；干乳第1天，每天挤乳次数由3次改为1次，以后隔天挤1次，最后每3天挤1次；经5～7天后，当日产乳量下降到5kg时，停止挤乳。

3. 干乳期的饲养管理

（1）干乳期的饲养　干乳期奶牛从泌乳牛群中分出进行单独饲养，日粮以青粗饲料为主。饲喂量视母牛体况、体重及粗饲料质量而定，要求日粮干物质饲喂量占奶牛体重的2%～2.5%，其中粗饲料的干物质饲喂量需达到体重的1%～1.5%，精、粗饲料比控制在3：7。

（2）干乳期的管理　注重卫生管理、适当运动、防止流产，并进行乳房按摩（每天1次，每次5min），临产前3周左右，转入产房，熟悉环境，减少应激。

二、问题探究

1. 为什么要重视奶牛的干乳期饲养管理？
2. 为什么说奶牛围产期的饲养管理特别重要？

三、资源链接

奶牛挤乳技术
操作微课

任务实施

一、按规程进行泌乳母牛饲养管理操作

配图	操作内容		操作方法
	围产前期饲养管理操作	围产前期饲养操作	精料由原来每天每头喂给4kg，按每天每头0.3kg递增。最大量不超过体重的1%。干草喂量应占体重的0.5%以上。日粮中的精、粗比例为5∶5，粗蛋白为13%，粗纤维为20%左右。分娩前21天，开始喂低钙日粮，钙占日粮干物质的0.2%～0.3%
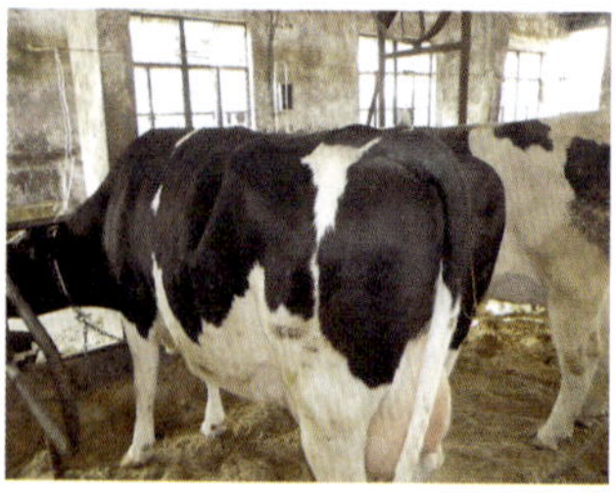		围产前期管理操作	每牛一栏，厚铺垫草，产前乳头消毒，人员昼夜值班
	围产后期饲养管理操作	围产后期饲养操作	刚分娩母牛：喂饮温热麸皮盐钙汤，其配方为温水10～20kg、麸皮500g、食盐50g、碳酸钙50g。 母牛产后2天内：以优质干草为主，同时补喂易消化的玉米和麸皮等，每天3kg。并适当增加钙在日粮中的比例（占日粮干物质含量0.2%增加至0.6%）和食盐的含量。 母牛产后3天：开始用配合精料替换玉米和麸皮，一般产后第3天替换1/3，第4天替换1/2，第5天替换2/3，第6天全部饲喂配合饲料。 母牛产后第7天：如果食欲良好、健康、粪便正常、乳房水肿消失，则可随产乳量的增加，逐渐增加青贮料喂量，补足精料量。每天精料增加量以0.5～1kg为宜。产后7天内的母牛要饮温水，水温以37～38℃为宜，切不可饮冰水。 母牛产后15天以后：饲养的重点应以快速恢复母牛健康和体况为原则
		围产后期管理操作	观察奶牛采食量、反刍情况、粪便状态、胎衣及恶露排出情况，每天监测体温1次。分娩后于第7、14、21天监测酮体值

配图	操作内容		操作方法
	泌乳前期饲养管理操作	泌乳前期饲养操作	每天增加0.25～0.45kg精料；精粗饲料比例约为60：40，乳料比约为2.6：1，产乳量与干物质进食量比大于1.5
		泌乳前期管理操作	单独组群饲养，给予适宜的环境条件，卫生消毒，每天定时挤乳3次，记录奶牛采食、反刍、发情、排粪等情况，密切观察奶牛健康
	泌乳中期饲养管理操作	泌乳中期饲养操作	根据奶牛体况和泌乳量的变化，调整日粮营养浓度，在满足蛋白质和能量需求的情况下，产乳量每下降6kg，减少1kg精料，以后每下降3kg乳减少1kg精料，增加优质干草喂量
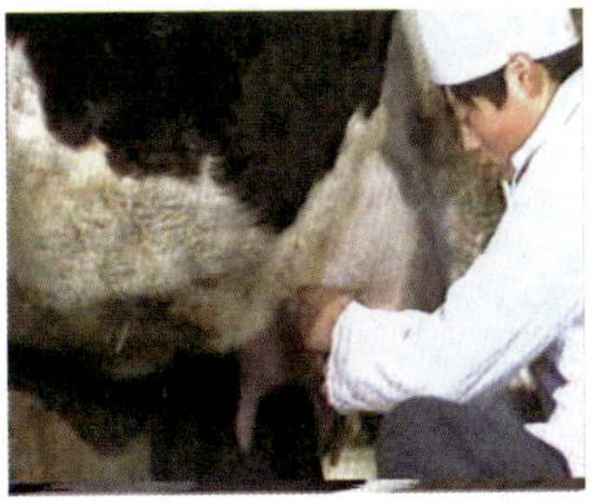		泌乳中期管理操作	密切关注泌乳量下降幅度，每月下降幅度保持在5%～8%为宜，每天挤乳3次，保持舍内适宜环境条件，做好采食、饮水、消毒等管理工作，同时要关注奶牛体况，适时调群

配图	操作内容		操作方法
	泌乳后期饲养管理操作	泌乳后期饲养操作	降低日粮中能量饲料、蛋白质饲料的比例，增加粗饲料喂量，日粮中精粗比以30：70为宜
		泌乳后期管理操作	定时挤乳、保健乳房，防暑防寒、控制环境条件、卫生消毒、观察奶牛采食、反刍、排粪和发情等情况，防止奶牛流产

二、机器挤乳操作

配图	操作内容	操作方法
	准备工作	挤奶设备消毒，备好消毒毛巾，配制乳头药浴液，挤乳人员穿戴工作服并将手洗净
	挤乳前检查	触摸乳房是否有红肿、疼痛等异常现象
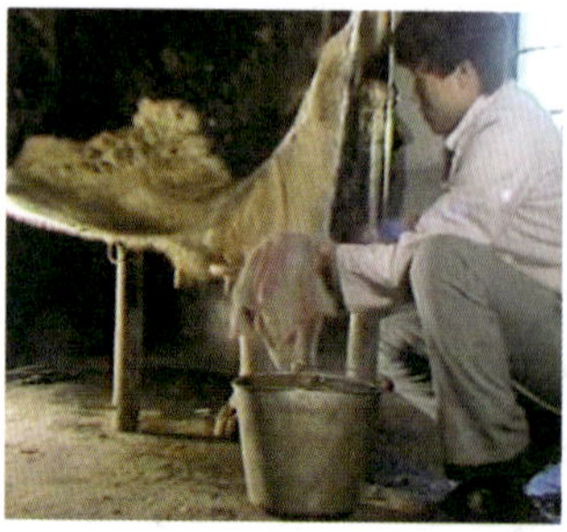	擦洗按摩乳房	用50℃的温水清洗乳房，擦洗时要对乳房进行按摩

配图	操作内容	操作方法
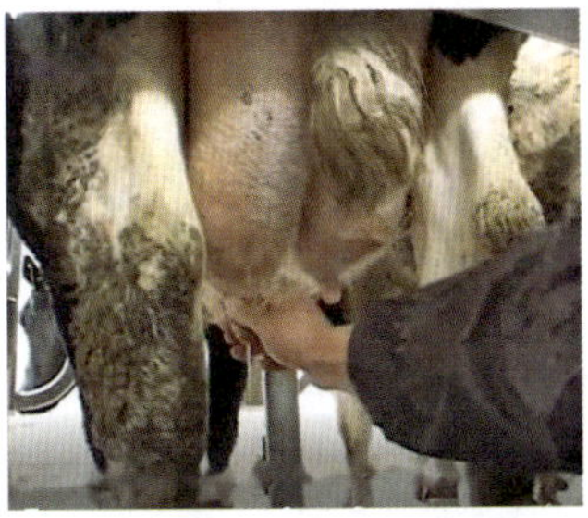	弃掉头两把乳	用手挤乳头，弃掉头两把乳
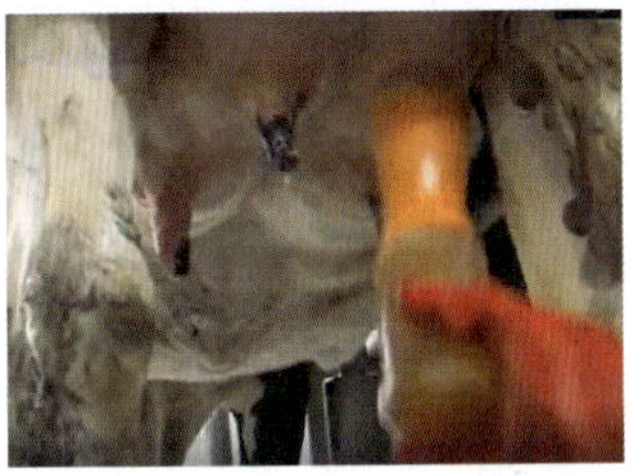	挤前乳头药浴	用新配制的乳头药浴液浸泡乳头，浸泡深度为乳头的2/3以上
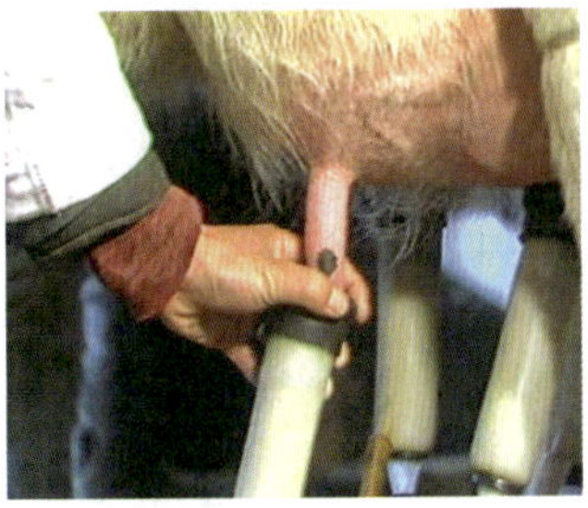	套乳杯	套挤乳杯，并将挤乳杯及橡胶输乳管道摆正
	挤乳	挤乳时，通过管道将牛乳集中到贮奶罐中
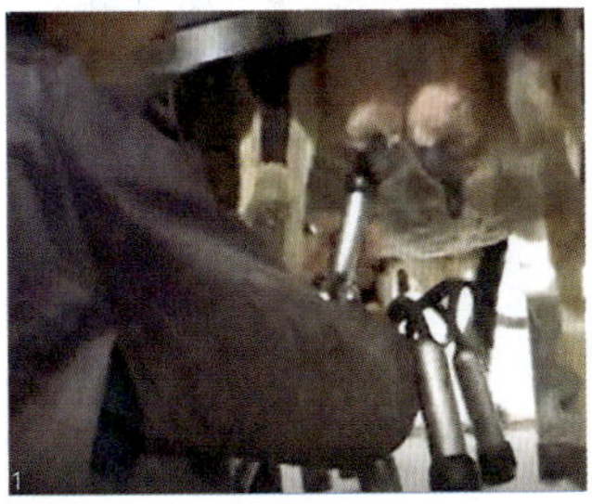	卸乳杯	挤乳完毕后，挤乳杯会自动脱杯，可人为协助

配图	操作内容	操作方法
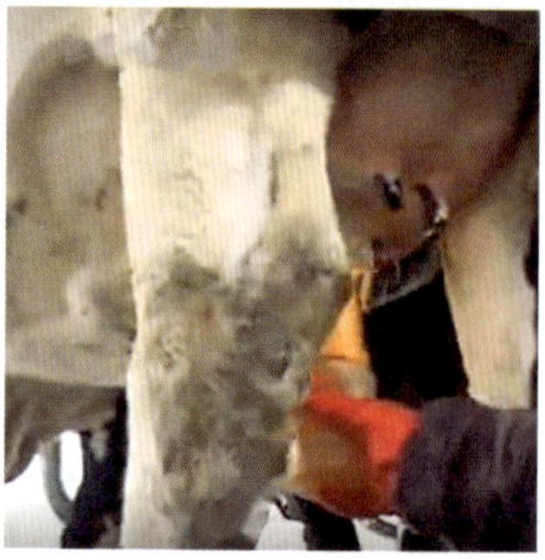	挤后乳头药浴	用专用药浴杯对挤乳后乳头进行药浴，持续时间为30～40s
	卫生清理	挤完乳后清洗厅内卫生，做到挤乳台上和台下清洁干净；管道和器具用温水反复漂洗与消毒

三、按规程进行干乳期奶牛的饲养管理操作

在完成母牛干乳后，干乳期奶牛应单独饲养，日粮以青粗饲料为主。调整日粮干物质饲喂量，应控制在奶牛体重的2%～2.5%，其中粗饲料的干物质饲喂量需达到体重的1%～1.5%，精、粗饲料比控制在3：7。其饲养管理程序如下。

（1）与泌乳牛群同时间上料饲喂。

（2）每2h推料1次，保证每头牛都能吃到足够的饲料，空槽时间短于2h。

（3）饲喂前2h检查剩料情况，剩料量须控制在3%～5%，每天早晚清理料槽1次。

（4）饮水池2天清理1次，保持池内清洁、无污物。

（5）保持牛床干净、干燥、疏松、平整。粪污需及时清理，每周应疏松牛床。垫草更换频率：牛粪2天清扫1次，锯末3天更换1次。

（6）如果是三合土地面或沙地，每周或每个月疏松平整1次，应保证运动场松软、舒适、无积水、无积粪、无硬物。

学业评价

“按规程进行成奶牛饲养管理操作”学业考核评价表

专业班级：　　　　姓名：　　　　考核时间：

评价方式	考核内容		评分标准	配分	得分	备注
自我评价（15%）	必备知识	泌乳母牛的饲养管理	了解TMR饲喂技术的内涵，计1分；理解运用TMR饲喂技术的优势，计1分；了解围产前期饲养管理要点，计1分；了解围产后期饲养管理要点，计1分；了解泌乳前期、中期及后期的饲养目标和营养需要，计3分	7		通过学银在线进行自我评价
		挤乳技术	了解挤乳原理，计1分；熟悉泌乳生理，计1分；掌握挤乳方法，计1分	3		
		干乳期奶牛的饲养管理	了解干乳前的准备，计1分；掌握干乳的确定时间，计1分；掌握干乳的方法，计1分；熟悉干乳期的饲养管理要点，计2分	5		
教师学业评价（50%）	任务实施	按规程进行泌乳母牛饲养管理操作	会进行围产前期饲养管理操作，计5分；会进行围产后期饲养管理操作，计5分；会进行泌乳前期饲养管理操作，计5分；会进行泌乳中期饲养管理操作，计5分；会进行泌乳后期饲养管理操作，计5分	25		按任务达成程度进行评价
		机器挤乳操作	能按机械挤乳技术操作流程完成：准备工作→挤乳前检查→擦洗按摩乳房→弃掉头两把乳→挤前乳头药浴→套乳杯→挤乳→卸乳杯→挤后乳头药浴→卫生清理等操作，计15分	15		
		按规程进行干乳期奶牛的饲养管理操作	能按规程完成干乳期奶牛的饲养管理程序，计10分	10		
学生互评（35%）	学习过程考核	课前	参加学习资源准备，计5分；完成预习任务，计5分；参与课前讨论，计5分	15		组内互评
		课中	严格遵守课堂纪律，计2分；有秩序地实施任务，并按时完成，计3分；积极参加问题探究，计2分；提出有意义的问题，计3分；完成小组分配的任务，计2分；在线抢答问题且答案正确，计3分	15		组间互评
		课后	能完成课后拓展任务，计3分；能进行学习场所卫生清扫，计2分	5		组内互评
总计				100		—

注：90分及以上为优秀等级；75～89分为良好等级；60～74分为合格等级；60分以下为不合格。

课后拓展

- 阐述奶牛在挤乳前后为什么要严格进行清洗消毒，并传至学银在线平台的作业栏中。

自测练习

1. 奶牛泌乳前期、泌乳中期和泌乳后期的精粗饲料比例分别是________、________和________。
2. 奶牛干乳的时间一般是________天，对于产乳量高的和体况差的母牛，干乳时间可延长至________天。
3. 干乳方法分为________法和________法。
4. 挤乳后，乳头药浴的时间为________s。
5. 挤乳方法分为________法和________法。

任务六　按规程进行育肥牛饲养管理操作

学习目标

知识目标

1. 了解肉用繁殖母牛的繁殖方式。
2. 掌握肉用犊牛的饲养管理知识。
3. 掌握育成牛的育肥技术。
4. 掌握架子牛的育肥技术。

技能目标

1. 能根据实际的生产情况，确定繁殖母牛的繁殖方式。
2. 能按照需要确定肉用犊牛的饲喂初乳的数量。
3. 能进行肉用犊牛的早期补饲。
4. 能进行架子牛育肥。

素养目标

1. 通过学习肉用繁殖母牛放牧技术，懂得草原草地保护的重要性，树立生态环保意识。
2. 在学习架子牛的选择时，提升综合分析问题的能力。

任务描述

随着社会的发展，人们对于畜产品的需求量逐渐增加，特别是优质牛肉。同时，农副产品及秸秆的利用越来越有利于肉牛生产。根据实际的情况选择肉牛生产方式，充分利用农业资源，降低生产成本，走可持续发展的肉牛生产之路，我们将按图2-17和图2-18所示的内容完成学习任务。

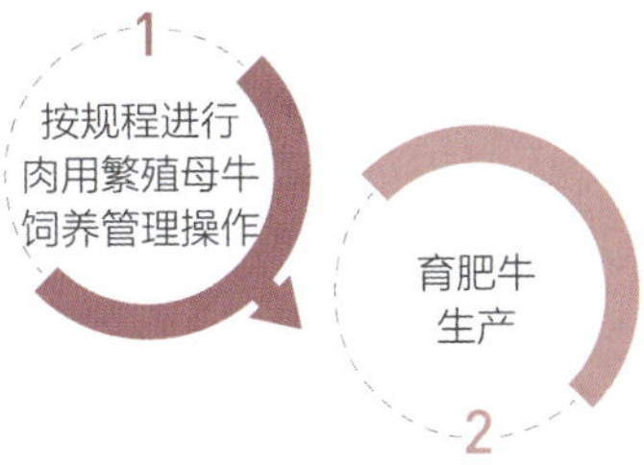

图2-17　“按规程进行育肥牛饲养管理操作”实施环节

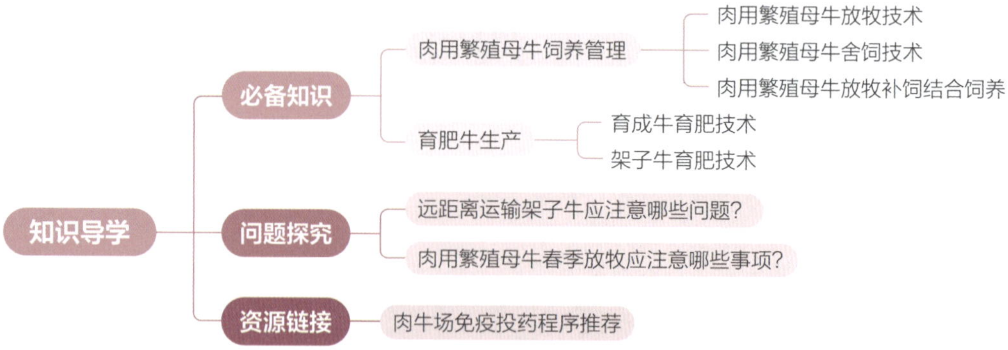

图2-18 “按规程进行育肥牛饲养管理操作”知识思维导图

课前准备

一、学习资源准备

通过网络获取企业育肥牛养殖手册，了解育肥牛生产技术规范。

二、完成预习任务

1. 阅读学习相关资源，了解肉牛的特点。
2. 查阅肉牛需要饲养多少天出栏会节本增效。

肉牛需要饲养多少天出栏会节本增效

三、完成课前讨论

1. 完成《学情分析表》(附录一)。
2. 在线提出预习中存在的问题，并进行相关讨论。

知识链接

一、必备知识

(一)肉用繁殖母牛饲养管理

1. 肉用繁殖母牛放牧技术

(1)春季放牧　春季是牛膘情最差的季节，开始放牧时间以牧草长至10cm或禾本科牧草开始拔节时为宜。放牧地点逐渐由近至远。先在阳坡放牧，放牧时间每天2～3h，1周后放牧时间逐渐延长为全天放牧。放牧前0.5～1个月，增喂干草或秸秆，开始放牧时需控制牛群的行走速度，以免“跑青”。对于怀孕最后3个月的母牛、泌乳1～3个月的母牛以及瘦弱的母牛，应补饲精料。

（2）夏季放牧　夏季是牛复膘增重的好季节。此时应到远离村庄的地方放牧。若来回行走超过3km时，可在放牧地靠近水源处建立临时牛舍，以便休息和减少出牧回圈及饮水行走所消耗的营养。炎热天气早晚在向阳坡放牧，白天气温升高时在背阳坡放牧，晴天中午前后，把牛赶在树荫处或树林里避暑。

（3）秋季放牧　秋季放牧重在抓好长秋膘以利过冬。放牧地应随天气变化逐渐从阴坡转向阳坡，并逐渐向村庄靠近，还可利用鲜玉米秸、鲜高粱秸等制作青贮作为冬季饲草贮备。

（4）冬季放牧　一般北方冬季气温低而风大，牛在野外体热散失很多，而且野草已枯萎，营养价值低，牛单靠放牧采食难以满足所需的营养，体重容易快速下降，因此，北方冬季很少放牧，如果放牧，应该在有草的向阳缓坡、平地和谷地等暖和的地方放牧。早晨迟点出牧，晚上早点收牧，晚间在牛舍补喂秸秆和精料。

2. 肉用繁殖母牛舍饲技术

母牛不采用拴系式饲养，均采取散放或定时上槽方式自由采食和饮水。母牛舍一般不作特别要求，冬季要求能防寒，防止结冻，夏天防雨、防冰雹、防暴晒。

（1）空怀母牛的营养需要　空怀母牛冬春枯草季节，必须进行补饲。对瘦弱母牛配种前2～3个月要加强营养，每天增加精料1.5～2kg以提高受胎率。推荐精料配方如下：玉米65%、饼（粕）类16%、糠麸15%、磷酸氢钙2%、食盐1%及预混料（微量元素和维生素）1%。

（2）妊娠母牛的营养需要　母牛妊娠后，饲料营养既要满足母牛生长发育所需，也要满足胎儿生长发育所需，同时也要考虑产后泌乳营养蓄积所需。妊娠母牛推荐精料配方：玉米60%，饼（粕）类26%，糠麸10%，磷酸氢钙2%，食盐1%及预混料1%。饲喂量要依据不同的妊娠时期而确定。

（3）哺乳期母牛的营养需要　母牛分娩3周后，泌乳量迅速上升，母牛身体已恢复正常，应增加精料用量，供给优质粗饲料，饲喂时青粗饲料少喂勤添。饲料要多样化，一般精、粗饲料各由3～4种组成，并大量饲喂青绿多汁饲料，日粮中粗蛋白含量为10%～11%。分娩3个月后，产乳量逐渐下降，饲养上可适当减少精料喂量，并通过加强运动、梳刮牛体、给足饮水等措施加强母牛体质。

3. 肉用繁殖母牛放牧补饲结合饲养

牧区肉用繁殖母牛以夏季放牧为主，放牧期一般为5月至10月，舍饲补饲期从11月到翌年4月。有些农区因牧草缺乏，要适当补饲精料。同时，要求放牧人员要跟群放牧，注意观察牛的吃草、发情、精神状况。注意补喂矿物质、食盐等。

（二）育肥牛生产

1. 育成牛育肥技术

育成牛育肥是指犊牛断乳后直接进入育肥阶段，以高营养水平进行育肥。育肥方式有持续育肥和放牧补饲配合强度育肥，目前多采用持续育肥方式，又称舍饲强度育肥。

持续育肥的犊牛一般自由采食，大多数牧场每日喂2次或3次，饲料的饲喂顺序应为先粗后精，最后饮水。进入育肥期，按体重的1.5%饲喂混合精饲料，自由采食粗饲料。24月龄体重达450kg以上即可出栏。

2. 架子牛育肥技术

12月龄以后开始育肥的牛为架子牛，也指骨架已经长成、进行短期高强度育肥的牛。

（1）架子牛的选择　侧重选择肉用为主的兼用品种，注重体重和体型要求。

（2）架子牛的运输　从非疫区选购架子牛必须有检疫合格证，检疫不合格的架子牛不得购入。新购入的架子牛应隔离观察，确定无病后方可入栏。

（3）架子牛的饲养　架子牛饲喂要定时、定量，少喂勤添，多吃少动，尽量采用全混合日粮三阶段育肥，即育肥期为90～180天。最初15天为适应期（过渡时期），原则上多给水，多给草，精饲料逐渐增加；中期为增肉期，时间为15～75天，每100kg体重饲喂精饲料1kg。后期为催肥期，时间为60～90天，每100kg体重饲喂精饲料1.2kg。

（4）架子牛的管理　架子牛的管理常因圈舍条件以及饲养数量等不同而异，主要有拴系式饲养、颈枷式饲养和散栏式饲养三种。生产中常采取颈枷式饲养或拴系式饲养，以减少其活动量，增高饲料利用率，提高育肥效果。拴系式饲养的细绳长度以牛能卧下为度。

架子牛管理要点是做好“六定”，即定时投料、定槽饲喂、定量喂料、定人饲养、定时刷拭、定时消毒。每日应刷拭牛体1次；每个月对牛舍内、外消毒1次。育肥期间自由饮水，保证水质清洁与充足。

二、问题探究

1. 远距离运输架子牛应注意哪些问题？
2. 肉用繁殖母牛春季放牧应注意哪些事项？

三、资源链接

肉牛场免疫投药程序推荐

任务实施

一、按规程进行肉用繁殖母牛饲养管理操作

1. 肉用繁殖母牛放牧饲养操作

配图	放牧类型	放牧操作
	春季放牧	放牧地点：妊娠后期和哺乳期的牛应放牧于牧草较好、距离牛舍较近的地方。 放牧操作：2人放牧，1人在前控制放牧速度，1人在后避免牛落单或践踏放牧地
	夏季放牧	放牧地点：放牧在靠近水源处的草地或山坡。 放牧操作：早晚放牧在向阳坡，白天气温升高时放牧在背阳坡，晴天中午前后把牛赶在树荫处或树林里避暑
	秋季放牧	放牧地点：应随天气变化逐渐从阴坡转向阳坡，并逐渐向村庄靠近，利用好秋收后的田间地头放牧。 放牧操作：早上露水出来后出牧，晚上太阳落山前收牧
	冬季放牧	放牧地点：选择有草的向阳缓坡、平地和谷地等暖和的地方放牧。北方地区冬季最好不放牧。 放牧操作：早晨迟点出牧，晚上早点收牧，晚间在牛舍补喂秸秆，并科学补喂精料

2. 肉用繁殖母牛舍饲技术操作

<table>
<tr><th>配图</th><th colspan="2">放牧类型</th><th>放牧操作</th></tr>
<tr><td></td><td colspan="2">空怀母牛饲养操作</td><td>日喂量：青饲料15~20kg或秸秆（或干草）7~10kg。补充精料量要根据体重和膘情的好坏来确定，一般情况下每日每头空怀母牛补喂0.5~1.0kg的精料，但对瘦弱的母牛需要在配种前2~3个月补喂精料1.5~2kg</td></tr>
<tr><td rowspan="4"></td><td rowspan="4">妊娠母牛饲养操作</td><td>妊娠前期</td><td>日喂量（体重450kg）：青饲料25～30kg或秸秆（或干草）4～5kg、精料1.5～2kg</td></tr>
<tr><td>妊娠中期</td><td>日喂量：青草25～30kg或秸秆（或干草）3～4kg，精料2～3kg</td></tr>
<tr><td>妊娠后期</td><td>日喂量：青草20～25kg或秸秆（或干草）3～4kg，精料3～4kg</td></tr>
<tr><td>围产期</td><td>产犊后日喂量：温热麸皮盐钙汤10～15kg
饲料配方：水温36～38℃，麦麸1kg，食盐100g，碳酸钙100g、益母膏250g、红糖1kg</td></tr>
<tr><td></td><td colspan="2">哺乳期母牛饲养操作</td><td>日喂量：1.5～3kg。
混合精料参考配方：玉米55%～60%，饼类25%～30%，麸皮5%～10%，磷酸氢钙2%，食盐1.5%，预混料1%～2%</td></tr>
<tr><td></td><td colspan="2">繁殖母牛放牧加补饲饲养操作</td><td>放牧期：每天保证8～10h的采食时间，日补喂精料1～2kg。
补饲精料参考配方：玉米50%，饼（粕）类25%，麸皮10%，磷酸氢钙2%，食盐1.5%及预混料1.5%</td></tr>
</table>

二、育肥牛生产

<table>
<tr><th>配图</th><th colspan="2">育肥内容</th><th>育肥方法</th></tr>
<tr><td></td><td colspan="2">持续育肥饲养操作</td><td>方法：舍饲条件养至450kg以上出栏，按体重的1.5%饲喂混合精饲料。
4～6月龄精饲料参考配方：玉米61%、高粱9%、饼类24%、植物油脂3%、磷酸氢钙1.5%、碳酸氢钠0.5%、食盐1.0%。
7～12月龄参考配方：玉米65%、高粱12%、饼类20%、磷酸氢钙1.0%、碳酸氢钠1.0%、食盐1.0%。
13～24月龄参考配方：玉米65%、高粱12%、饼类15%、糠麸5%、磷酸氢钙1.0%、碳酸氢钠1.0%、食盐1.0%</td></tr>
<tr><td></td><td colspan="2">日常管理</td><td>5：30—7：00：第一次饲喂。
7：30—9：30：牵至舍外，清扫牛舍，刷拭牛体，备好草料。
11：30—13：00：第二次饲喂。
13：00—15：00：牵至舍外，清扫牛舍，刷拭牛体，备好草料。
17：00—19：00：第三次饲喂。
19：00以后：拴在舍内，备好草料</td></tr>
<tr><td></td><td rowspan="2">架子牛育肥过程操作</td><td>品种选择</td><td>肉用品种或以肉用为主的兼用品种或肉用品种和当地品种杂交牛</td></tr>
<tr><td>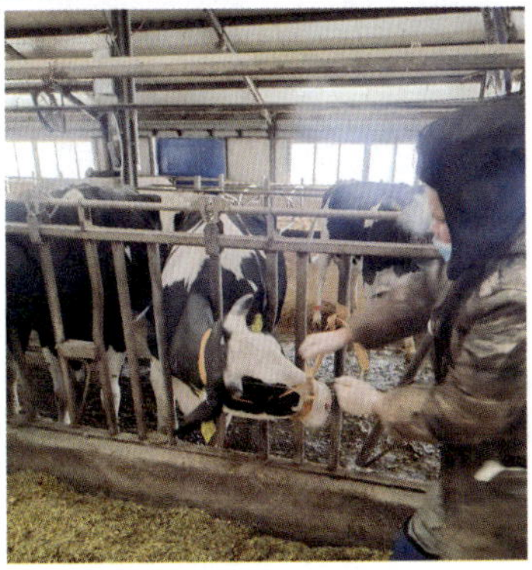</td><td>年龄体重及体型的选择</td><td>年龄：11月龄以上。若生产高档牛肉时，应选择11～17月龄的架子牛；若生产中档牛肉，应选择年龄在2～2.5岁的架子牛。
体重：250～300kg。
体型：体躯深长，背部平宽，胸、腰、臀宽广且成一直线</td></tr>
</table>

<table>
<tr><th>配图</th><th colspan="2">育肥内容</th><th>育肥方法</th></tr>
<tr><td>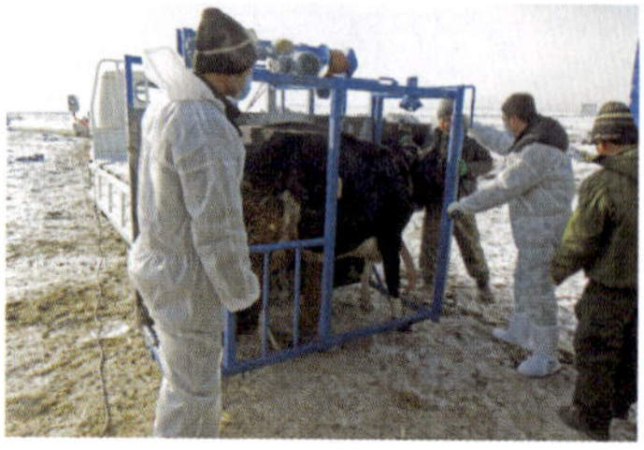</td><td rowspan="3">架子牛育肥过程操作</td><td>运输要求</td><td>运输前：办理检疫证明，运输前2天口服或肌肉注射维生素A 50万～100万IU；确定装载数量，做好防暑降温和防寒保暖工作。
装车时：牛的头部最好朝向运输前行的方向。
运输途中：启动要慢，停车要稳，切勿紧急刹车或急拐弯；运输距离较远时，要在途中饮水和喂料；运输4～5h休息1次；注意检查有无牛倒地；若遇恶劣天气停止运行</td></tr>
<tr><td></td><td>架子牛隔离</td><td>新购入的牛要隔离观察2周，确认无疾病方可入群</td></tr>
<tr><td></td><td>架子牛育肥</td><td>方法：12月龄开始育肥至出栏。
育肥时间：90～180天。
日喂量：前期供给充足水草，精料渐增；中期每100kg体重饲喂精饲料1kg。每100kg体重饲喂精饲料1.2kg。
管理方法：定时投料、定槽饲喂、定量喂料、定人饲养、定时刷拭、定时消毒</td></tr>
</table>

学业评价

“按规程进行育肥牛饲养管理操作”学业考核评价表

专业班级：　　　　　姓名：　　　　　考核时间：

<table>
<tr><th>评价方式</th><th colspan="2">考核内容</th><th>评分标准</th><th>配分</th><th>得分</th><th>备注</th></tr>
<tr><td rowspan="2">自我评价（15%）</td><td rowspan="2">必备知识</td><td>肉用繁殖母牛饲养管理</td><td>了解肉用繁殖母牛四季放牧技术，计4分；掌握肉用繁殖母牛舍饲技术，计3分；了解肉用繁殖母牛放牧补饲结合饲养要点，计2分</td><td>9</td><td></td><td rowspan="2">通过学银在线进行自我评价</td></tr>
<tr><td>育肥牛生产</td><td>掌握育肥牛生产要点，计3分；掌握架子牛育肥技术要点，计3分</td><td>6</td><td></td></tr>
</table>

续表

评价方式	考核内容		评分标准	配分	得分	备注
教师学业评价（50%）	任务实施	按规程进行肉用繁殖母牛饲养管理操作	会设计肉用繁殖母牛四季放牧饲养方案，计10分；会进行肉用繁殖母牛舍饲技术操作，计10分	20		按任务达成程度进行评价
		育肥牛生产	会设计育成牛持续期的日粮配方，计10分；会安排育成牛日常管理，计10分；会进行架子牛育肥过程操作，计10分	30		
学生互评（35%）	学习过程考核	课前	参加学习资源准备，计5分；完成预习任务，计5分；参与课前讨论，计5分	15		组内互评
		课中	严格遵守课堂纪律，计2分；有秩序地实施任务，并按时完成，计3分；积极参加问题探究，计2分；提出有意义的问题，计3分；完成小组分配的任务，计2分；在线抢答问题且答案正确，计3分	15		组间互评
		课后	能按要求清洁整理所用设备，计3分；及时清扫学习场所卫生，计2分	5		组内互评
总计				100		—

注：90分及以上为优秀等级；75～89分为良好等级；60～74分为合格等级；60分以下为不合格。

课后拓展

- 查阅并汇总影响肉牛肥育的因素有哪些，传到学银在线平台作业栏中。

影响肉牛肥育效果的因素

自测练习

1. 架子牛育肥年龄选择均在________月龄以上，体重要求为________kg。
2. 牛运输时，牛的头部最好朝向________的方向。
3. 肉用繁殖母牛放牧常安排________季、________季和________季放牧。

模块三

羊生产

任务一　羊的品种认识

学习目标

知识目标

1. 了解羊的经济类型。
2. 熟悉毛用绵羊常见品种及其外貌特征、被毛品质和生产性能。
3. 熟悉肉用绵羊常见品种及其外貌特征和生产性能。
4. 熟悉肉用山羊代表品种及其外貌特征和生产性能。
5. 熟悉乳用山羊代表品种及其外貌特征和生产性能。
6. 掌握萨能奶山羊外貌特征“五长”特点。

技能目标

1. 通过观看视频或图片识别常见毛用绵羊和肉用绵羊的品种。
2. 通过观看视频或图片识别常见肉用山羊和乳用山羊的品种。

素养目标

1. 在了解养羊业在我国农业中的地位时，培养爱牧的情怀，树立振兴牧业的理想和信念。
2. 利用视频和图片识别不同羊的品种时，提升分析问题能力。

任务描述

通过养羊市场的调查与预测，某肉用羊场计划新增种羊养殖项目，拟引进一批优良的毛用、肉用及山羊品种，依据GB/T 2416—2008《东北细毛羊》、GB/T 2426—1981《新疆细毛羊》、GB/T 22909—2008《小尾寒羊》、GB/T 4631—2006《湖羊》、GB/T 19376—2003《波尔山羊种羊》的要求，我们将按照如图3-1和图3-2所示的内容跟随技术人员一起完成羊的品种选择过程学习。

图3-1 “羊的品种认识”实施环节

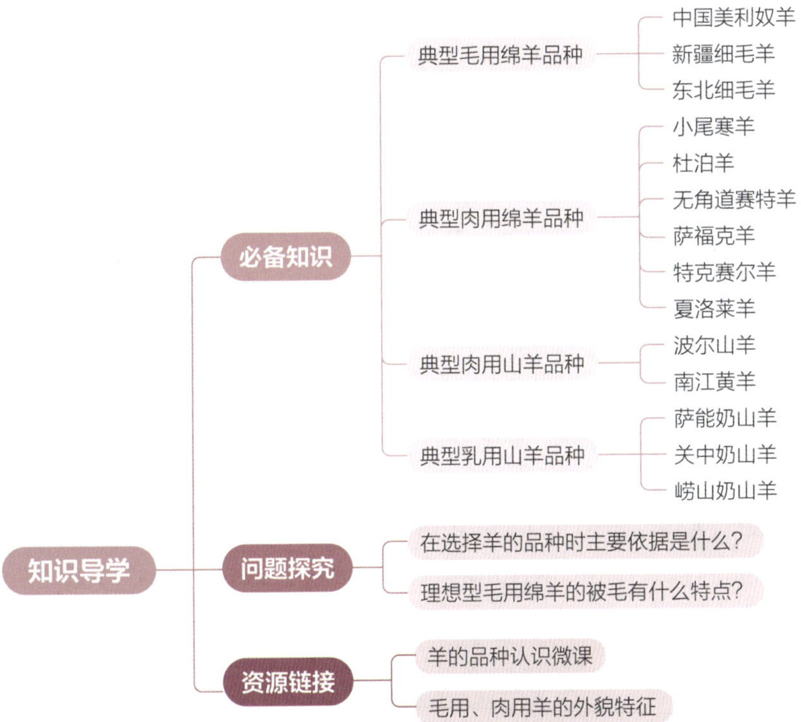

图3-2 “羊的品种认识”知识思维导图

课前准备

一、学习资源准备

通过网络获取GB/T 2416—2008《东北细毛羊》、GB/T 2426—1981《新疆细毛羊》、GB/T 22909—2008《小尾寒羊》、GB/T 4631—2006《湖羊》、GB/T 19376—2003《波尔山羊种羊》。

二、完成预习任务

1. 阅读学习相关资源，了解养羊业在国家经济中的地位和作用。
2. 查阅我国黑龙江省、吉林省、内蒙古自治区主要饲养羊的品种。

三、完成课前讨论

1. 完成《学情分析表》(附录一)。
2. 在线提出预习中存在的问题，并进行相关讨论。

知识链接

一、必备知识

(一)典型毛用绵羊品种

1. 中国美利奴羊

中国美利奴羊由新疆的巩乃斯种羊场、紫泥泉种羊场、内蒙古嘎达苏种畜场和吉林查干花种畜场于1972—1985年联合培育而成，1985年12月经国家经济贸易委员会和农业部组织专家鉴定验收正式命名为“中国美利奴羊”，目前主产区在我国新疆、内蒙古和东北三省。成年公母羊剪毛后体重约91.8kg，成年公羊体高72.5cm，体长77.5cm，胸围105.9cm；特级母羊剪毛后平均体重45.8kg，一级母羊剪毛后平均体重40.9kg；成年母羊体高为66.1cm，体长77.1cm，胸围88.2cm。成年公羊原毛产量为16.7～18.0kg，特级母羊原毛产量为7.2kg，平均毛长10.5cm。一级母羊原毛产量为6.4kg，平均毛长10.2cm。成年公、母羊毛丛长度分别为12.0～13.0cm和10.0～11.0kg。羊毛主体细度为23.7～24.1μm，净毛率为35%～40%。成年公羊屠宰率平均为43.6%，净肉率34.0%。初产母羊产羔率为117.0%～128.0%。

2. 新疆细毛羊

新疆细毛羊是我国育成的第一个细毛羊品种。自育成以来，已推广至全国20多个省(自治区)，对我国细毛羊、半细毛羊品种培育起到重要作用。周岁公羊体高为64cm，体长67.7cm，体重45kg；成年公羊体重93.6kg，体高75.3cm，体长81.7cm。周岁母羊体重37.6kg，体高为62.7cm，体长66.1cm；成年母羊体重46kg，体高为65.9cm，体长72.7cm。成年公羊剪毛量为12.4kg，净毛率50.88%；成年母羊剪毛量为5.5kg，净毛率52.3%。成年公羊平均毛长为11.2cm，成年母羊平均毛长为8.74cm。羊毛主体细度21.6～23μm，油汗以乳白色和淡黄色为主，含脂率为12.57%。

3. 东北细毛羊

东北细毛羊主产区在辽宁、吉林、黑龙江三省的西北部平原和部分丘陵地区。目前已分布到全国大部分省(自治区)，尤以北方各省居多。

成年公羊剪毛后体重99.31kg，体高74.3cm，体长80.6cm；成年母羊剪毛后体重50.62kg，体高为67.5cm，体长72.3cm。成年公羊剪毛量为14.59kg，母羊为6.1kg。成年公羊毛长为9.33cm，母羊为7.37cm。净毛率为35%～40%。成年公羊屠宰率平均为48%，净肉率为34.0%。经产母羊产羔率为124.2%。东北细毛羊善游走、耐粗饲、抗寒暑、觅食能力强。

（二）典型肉用绵羊品种

1. 小尾寒羊

小尾寒羊产于鲁、豫、苏、皖四省交界地区，主要分布在山东、河北及河南一带，2000年被农业部列入《中国国家级畜禽遗传资源保护名录》，属于肉脂兼用型短脂尾羊。是我国著名的地方优良品种之一。

小尾寒羊生长发育快，肉用性能较好，早熟、多胎、繁殖率高。6月龄公羔体重38.17kg，母羔体重37.75kg，平均屠宰率为49.3%；周岁公羊体重（60.83±14.60）kg，屠宰率为55.6%，母羊体重（41.33±7.85）kg；成年公羊体重（94.15±23.33）kg、母羊体重（48.75±10.77）kg。成年公羊平均剪毛量为3.5kg，母羊为2.1kg。母羊5～6月龄开始发情，全年发情，母羊可一年两胎或两年三胎。经产母羊产羔率约270%，其产羔率居我国地方绵羊品种之首，是世界上繁殖力较强的绵羊品种之一。

2. 杜泊羊

杜泊羊原产于南非共和国，现主要分布于澳大利亚、美国、非洲等地。我国20世纪70年代从澳大利亚和新西兰等国引进该品种羊，现分布在新疆、内蒙古、北京、宁夏、吉林、河北、山东和甘肃等省（自治区、直辖市）。该品种适应性强，与地方绵羊杂交改良效果显著。

该品种羊生长发育快，早熟、胴体瘦肉率高，肉质较好；母羊繁殖力强，泌乳多，适应能力强。成年公羊体重为100～110kg，母羊体重为75～90kg。3.5～4月龄羔羊体重可达36kg，胴体重约16kg，肉中脂肪分布均匀。羔羊初生重较大，约为5.5kg，日增重可达300g以上。在饲养管理良好条件下，杜泊羊可全年发情，两年三胎，成年母羊产羔率达150%。

3. 无角道赛特羊

无角道赛特羊原产于澳大利亚和新西兰。现在各大洲均有分布，我国主要分布在新疆、内蒙古、甘肃、北京、河北、山东、山西、陕西、甘肃、青海等省（自治区、直辖市）。

成年公羊体重为85～110kg，成年母羊体重为65～80kg。4月龄胴体重公羔为22kg，母羊为19.7kg，屠宰率在50%以上；母羊产羔率为110%～140%，最高可达170%。无角道赛特羊具有早熟、生长发育快、全年发情、耐热及适应干燥气候等特点。

4. 萨福克羊

萨福克羊原产于英国英格兰东南部的萨福克、诺福克、剑桥和艾塞克斯等地，现主要分布于北美、北欧、澳大利亚、新西兰、俄罗斯和中国等地，属大型肉羊短毛品种。

成年公羊体重为113～159kg，剪毛量为5～6kg；成年母羊体重为81～113kg，剪毛量为2.3～3.6kg。产羔率141.7%～157.7%。萨福克羊属于性早熟品种，具有生长发育快、肉用性能好、母性强，产羔率高的特点。

5. 特克塞尔羊

特克塞尔羊原产于荷兰北海岸的特克塞尔岛，我国的辽宁、山东、陕西、河北等地于1995年开始引进该品种，是肉羊育种和经济杂交非常优良的父本。

成年公羊体重可达110～140kg，母羊70～90kg。公羔平均初生重为5.0kg，母羔平均初生重为4.0kg，2月龄平均体重为22kg，平均日增重为300g；4月龄平均体重为38kg，2～4月龄平均日增重为267g；6月龄平均体重为48kg。4～6月龄羔羊出栏屠宰，屠宰率为55%～60%，剪毛量5～6kg，毛长7～15cm，细度25.0～29.1μm，净毛率约为60%。母羊7～8月龄配种，80%的母羊产双羔，产羔率为150%～200%。该品种具有产肉和产毛性能好、羔羊生长发育快、母羊繁殖力强、对寒冷气候有良好的适应性等特点，但易难产。

6. 夏洛莱羊

夏洛莱羊原产于法国中部的夏洛莱丘陵和谷地，主要分布在英国、德国、比利时、瑞士、西班牙、葡萄牙及东欧的一些国家，我国于20世纪80年代引入，饲养在内蒙古、山东、河南、河北等省（自治区）。

成年公羊体重100～150kg，成年母羊体重75～95kg；羔羊生长发育快，6月龄公羔体重48～53kg，母羔38～43kg；4月龄羔羊胴体重20～22kg，屠宰率55%以上。毛长7cm左右，细度20.1～27.1μm。季节性发情，经产母羊产羔率为182.37%，初产母羊产羔率为135.32%。

（三）典型肉用山羊品种

1. 波尔山羊

波尔山羊原产于南非共和国，现已被广泛地引入到澳大利亚、新西兰、德国、加拿大、中国及非洲的许多国家，被称为世界“肉用山羊之王”，是世界上著名的生产高品质瘦肉山羊品种。波尔山羊可分为5个类型，即普通型、长毛型、无角型、地方型和改良型。目前世界各国引进的主要是改良型波尔山羊。

波尔山羊生长发育快，羔羊初生重一般为3～4kg，断乳体重为20～25kg；6月龄内日增重可达200～400g。成年公羊体重118～150kg；成年母羊体重85～120kg，波尔山羊8～10月龄的屠宰率为48%，周岁、2岁、3岁时屠宰率分别为50%、52%和54%，肉质细嫩，色泽纯正，膻味轻。该品种繁殖性能良好，公羔3～4月龄时性成熟，母羔6月龄时性成熟，饲养管理条件良好时，母羊可全年发情。该品种具有体型大、生长快、繁殖力强、产羔多、屠宰率高、产肉多、肉质细嫩、适口性好、耐粗饲、适应性强、抗病力强和遗传性稳定等特点。

2. 南江黄羊

南江黄羊产于四川省南江县，由南江县畜牧局等7个单位联合培育而成，是我国培育的第一个肉用山羊品种，1996年，南江黄羊通过中国国家畜禽遗传资源管理委员会羊品种审定委员会审定，并于1998年被农业部批准命名为“南江黄羊”。

成年公羊体重为66.87kg、成年母羊体重为45.64kg。6月龄屠宰前体重可达21.55kg，胴体重9.71kg，净肉重7.09kg，屠宰率47.01%。南江黄羊母羊常年发情，8月龄可配种，年产两胎或两年三胎，双羔率达70%以上，群体产羔率205.42%，群体繁殖成活率90.18%。南江黄羊因含努比亚山羊的血液，而具有较好的产乳力。因含有成都麻羊血液，板皮质量优良。南江黄羊具有体格大、生长发育快、四季发情、繁殖率高、泌乳力好、抗病力强、耐粗放饲养、适应能力强、产肉率高及板皮质量好的特性。南江黄羊肉质细嫩，膻味轻，口感好。

（四）典型乳用山羊品种

1. 萨能奶山羊

萨能奶山羊原产于瑞士泊尔尼州西南部的萨能地区，是世界著名的奶山羊品种，现有奶山羊品种近半数都不同程度地含有萨能奶山羊的血缘。中国于1904年开始引入萨能奶山羊，对我国乳用山羊品种的改良起重要作用。

成年公羊体重75～100kg，最高达120kg；成年母羊体重50～65kg，最高达90kg。母羊泌乳期8～10个月，产后2～3个月产乳量最高，年平均产乳量600～1200kg，乳脂率3.2%～4.0%。

繁殖性能非常好，秋季发情，母羊发情周期长，发情持续期长。一般10～12个月龄配种，年产羔一次，头胎多单羔，经产母羊多双羔或多羔，产羔率170%～190%，高者为200%～220%。

2. 关中奶山羊

关中奶山羊原产于陕西的关中地区，故得此名。主要是利用萨能奶山羊与当地山羊杂交，经过长期定向选育而成。现有富平、三原、泾阳、宝鸡、武功、蒲城、临潼、大荔、乾县、蓝田、秦都、阎良12个生产繁育基地县（市、区），故八百里秦川有“奶山羊之乡”的称誉。

成年公羊体重78.6kg，成年母羊体重44.7kg。在一般饲养条件下，优良个体平均产乳量为：一胎450kg、二胎520kg、三胎600kg，高产个体700kg以上，乳脂率3.8%～4.3%。母羊初情期在4～5月龄，发情多集中于9～11月份，一胎产羔率平均130%，二胎以上产羔率平均174%。

3. 崂山奶山羊

崂山奶山羊主产于山东省胶东半岛，主要分布于青岛、烟台、威海、潍坊、枣庄等地，是崂山一带群众利用萨能奶山羊与当地羊杂交育成的中国奶山羊的优良品种。1988年被列入中国国家家畜品种志。

成年公羊体重约80kg，成年母羊体重约50kg。母羊泌乳期一般为8个月，多者达9～10个月。年平均产乳量为：一胎400kg、二胎550kg、三胎700kg。母羊在6～8月龄、体重达30kg以上即参加配种，平均年产羔率为180%。

崂山奶山羊具有适应能力强、产乳性能高、抗病力强、养殖成本低等特点。

二、问题探究

1. 在选择羊的品种时主要依据是什么？
2. 理想型毛用绵羊的被毛有什么特点？

三、资源链接

羊的品种认识微课

毛用、肉用羊的外貌特征

任务实施

规避风险提示

典型毛用绵羊品种外貌十分相似，识别较为困难。

一、典型毛用绵羊品种认识

配图	品种名称	典型外貌特征
	中国美利奴羊	体型呈长方形，体质结实。头毛密长，着生至眼线，外形似帽状。鬐甲宽平，胸深背直尻宽平，后躯丰满，四肢结实。公羊有螺旋形角，少数无角；母羊无角

配图	品种名称	典型外貌特征
	新疆细毛羊	体躯长深、结构匀称、体质结实，皮肤宽松，胸宽深，背直而宽，腹线平直，后躯丰满，四肢结实。公羊大多数有螺旋形角，鼻梁微有隆起，颈部有1～2个完全或不完全的横褶皱。母羊无角或有小角，颈部有1横褶皱或发达的纵褶皱
	东北细毛羊	体躯长、体质结实，结构匀称，后躯丰满，四肢端正。公羊有螺旋形角，颈部有1～2个完全或不完全的横皱褶；母羊无角，颈部有发达的纵皱褶，体躯无皱褶。被毛白色，毛丛闭合性结构良好

二、典型肉用绵羊品种认识

配图	品种名称	典型外貌特征
	小尾寒羊	体格高大、鼻梁隆起，头略长，耳大下垂，四肢高而健壮。公羊有螺旋形大角，母羊无角或有小角。公羊前胸较深，鬐甲高，背腰平直，体躯高大，侧视呈长方形，四肢粗壮。母羊体躯略呈扁形，乳房较大
	杜泊羊	分为白头杜泊和黑头杜泊两种。这两种羊体躯和四肢皆为白色，头顶平直，长度适中，额宽，鼻梁微隆，无角或有小角根，耳小而平直。颈粗短，肩宽厚，背平直，肋骨拱圆，前胸丰满，后躯肌肉发达
	无角道赛特羊	体质结实，全身被毛白色，头短而宽，公、母羊均无角，颈短粗，胸宽深，背腰平直，后躯丰满，整个躯体呈圆桶状，肉用体型明显

配图	品种名称	典型外貌特征
	萨福克羊	体质结实，结构匀称，鼻梁隆起，耳大，颈长而宽厚，背腰平直，肌肉丰满，后躯肌肉丰满，四肢粗壮结实。公母均无角，体躯主要部位被毛白色，头和四肢黑色短刺毛
	特克塞尔羊	公、母羊均无角，被毛全白，头部无前额毛，四肢无被毛，四蹄为黑色。体躯呈长圆桶状，额宽，耳短，颈中等长，眼大突出，鬐甲宽平，肩宽平，胸宽深，背腰长而平，肋骨开张良好，后躯丰满，四肢粗壮
	夏洛莱羊	被毛同质白色，公、母羊均无角，头和面部无毛，脸部皮肤粉红或灰色，少数个体唇端或耳缘有黑斑。耳大，两耳灵活会动；额宽，眼眶距离大；颈短粗，肩宽平，胸宽深，背腰宽平，肋部拱圆，背部肌肉丰满，后躯发育良好，呈倒“U”字形，四肢较短且下部为深浅不同的棕褐色

三、典型肉用山羊品种认识

配图	品种名称	典型外貌特征
	波尔山羊	肉用体型明显，体躯为白色，头部为红色或褐色，并有一条白色毛带，颈、胸、腹部有红色或褐色斑点，有的全身为棕红色。体躯呈长方形，头粗壮，耳大下垂，前额隆起，头颈部及前肢较发达，肋部发育开张良好，胸部发达，背部结实宽厚，臀腿部丰满，四肢结实，皮肤松软，肌肉丰满
	南江黄羊	体格较大，头大小适中，大多数公、母羊有角，颈较粗，背腰平直，后躯丰满，体躯近似圆桶形，四肢粗壮。被毛呈黄棕色，面部多呈黑色，鼻梁两侧有一条黄色条纹，从头顶部至尾根沿脊背有一条宽窄不等的黑色毛带，公羊前胸、颈、肩和四肢上端着生黑而长的粗毛

四、典型乳用山羊品种认识

配图	品种名称	典型外貌特征
	萨能奶山羊	楔形体型，体格大，紧凑。具有头长、耳长、颈长、躯干长、四肢长的“五长”外形特点。公羊颈粗短，母羊颈细长，有些颈部有肉垂；胸部宽深，背腰平直，后躯发达；母羊乳房基部宽广，向前延伸，向后突出，质地柔软，乳头大小适中；公、母羊均有须，大多无角，个别有短角，被毛白色，偶有毛尖呈淡黄色
	关中奶山羊	体质结实，结构匀称，乳用体型明显，具有“四长”特征，即头、颈、躯干、四肢长。公羊头大，额宽，眼大。耳长，鼻直嘴齐。有的羊有角、有髯，颈下部有肉垂，胸部宽深，背腰平直，尻部宽长，腹部紧凑。母羊乳房大，多呈圆形，质地柔软，乳头大小适中。公、母羊四肢结实，姿势端正，蹄质结实，呈蜡黄色。毛短色白，皮肤粉红色，部分羊耳、鼻、唇及乳房有大小不等的黑斑
	崂山奶山羊	体格结实，结构匀称紧凑，公母羊多数无角。颈两侧有肉垂，被毛白色，皮肤柔软有弹性。体型具有头长、颈长、腿长、躯干长“四长”的特点。眼睛较大，额宽，鼻直，耳薄。公羊颈粗短，母羊颈薄长。胸部宽广，肋骨开张良好，背腰平直，尻略向下斜。母羊腹大而不下垂，乳房丰满而对称，质地柔软，多呈方包形或口袋形

学业评价

“羊的品种认识”学业考核评价表

专业班级：　　　　　　姓名：　　　　　　考核时间：

评价方式	考核内容		评分标准	配分	得分	备注
自我评价（15%）	必备知识	典型毛用绵羊品种	熟悉中国美利奴羊生产性能，计1分； 熟悉新疆细毛羊生产性能，计1分； 熟悉东北细毛羊生产性能，计1分	3		通过学银在线进行自我评价

续表

评价方式	考核内容		评分标准	配分	得分	备注
自我评价（15%）	必备知识	典型肉用绵羊品种	熟悉小尾寒羊生产性能，计1分；熟悉杜泊羊生产性能，计1分；熟悉无角道赛特羊生产性能，计1分；熟悉萨福克羊生产性能，计1分；熟悉特克塞尔羊生产性能，计1分；熟悉夏洛莱羊生产性能，计1分	6		通过学银在线进行自我评价
		典型肉用山羊品种	熟悉波尔山羊生产性能，计1分；熟悉南江黄羊生产性能，计1分	2		
		典型乳用山羊品种	熟悉萨能奶山羊生产性能，计1分；能说出萨能奶山羊“五长”外形特点，计1分；熟悉关中奶山羊生产性能，计1分；熟悉崂山奶山羊生产性能，计1分	4		
教师学业评价（50%）	任务实施	典型毛用绵羊品种认识	能依据外貌特征识别出中国美利奴羊、新疆细毛羊、东北细毛羊，计12分	12		按任务达成程度进行评价
		典型肉用绵羊品种认识	能依据外貌特征识别出小尾寒羊、杜泊羊、无角道赛特羊、萨福克羊、特克塞尔羊、夏洛莱羊，计18分	18		
		典型肉用山羊品种认识	能依据外貌特征识别出波尔山羊和南江黄羊，计8分	8		
		典型乳用山羊品种认识	能依据外貌特征识别出萨能奶山羊、关中奶山羊、崂山奶山羊，计12分	12		
学生互评（35%）	学习过程考核	课前	参加学习资源准备，计5分；完成预习任务，计5分；参与课前讨论，计5分	15		组间互评
		课中	严格遵守课堂纪律，计2分；有秩序地实施任务，并按时完成，计3分；积极参加问题探究，计2分；提出有意义的问题，计3分；完成小组分配的任务，计2分；在线抢答问题且答案正确，计3分	15		组间互评
		课后	能汇总羊的生物学特性并传至线上平台，计3分；能清扫整理工作室，计2分	5		组间互评
总计				100		—

注：90分及以上为优秀等级；75～89分为良好等级；60～74分为合格等级；60分以下为不合格。

课后拓展

- 查阅资料，汇总羊的生物学特性，传至学银在线平台作业栏中。

自测练习

(　　) 1. 波尔山羊是乳用山羊品种。

(　　) 2. 小尾寒羊是毛用羊品种。

(　　) 3. 东北细毛羊是毛用羊品种。

(　　) 4. 夏洛莱羊比中国美利奴羊产毛性能好。

任务二　羊的品质鉴定

学习目标

知识目标

1. 了解羊的各部位名称。
2. 熟悉羊体尺测量项目。
3. 能写出依据牙齿判定羊年龄的记忆口诀。
4. 熟悉毛用羊、肉用羊、乳用山羊品质鉴定的依据。
5. 熟悉羔皮羊和裘皮羊鉴定等级划分的标准。

技能目标

1. 能准确地进行羊的体高、体长的测量。
2. 通过真实或仿真的生产情境，能依据牙齿生长、更新及磨损情况判断羊的年龄。

素养目标

1. 在学习依据牙齿判断羊的年龄时，利用记忆口诀，掌握记忆规律，提升学习能力。
2. 在学习羊的品质鉴定时，通过熟悉国家或行业或企业的鉴定标准，加强遵章守纪意识，培养规范操作的良好习惯。

任务描述

我们来到养羊场学习羊的品质鉴定，依据标准GB 2426—1981《新疆细毛羊》、GB/T 2416—2008《东北细毛羊》、GB/T 22909—2008《小尾寒羊》、NY 809—2004《南江黄羊》、NY 23—1986《关中奶山羊》，按照如图3-3和图3-4所示的内容完成学习任务。

图3-3 “羊的品质鉴定”实施环节

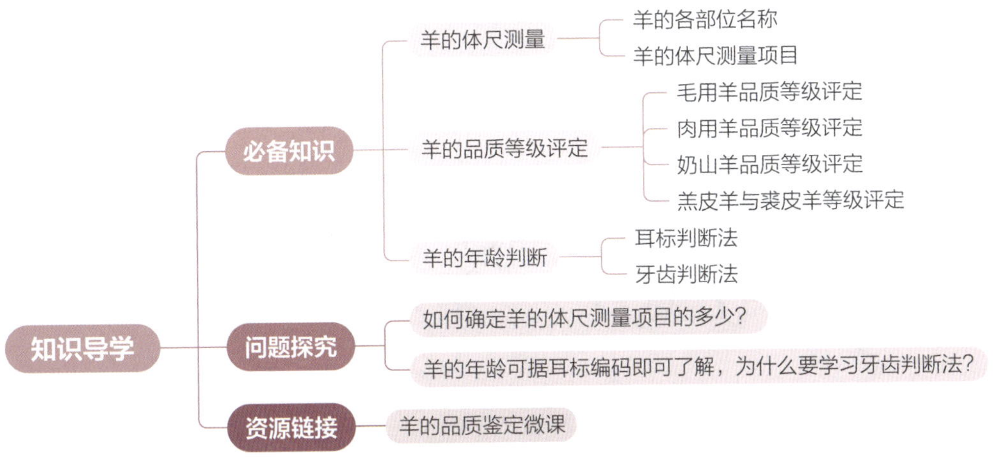

图3-4　“羊的品质鉴定”知识思维导图

课前准备

一、学习资源准备

通过网络获取GB 2426—1981《新疆细毛羊》、GB/T 2416—2008《东北细毛羊》、GB/T 22909—2008《小尾寒羊》、NY 809—2004《南江黄羊》、NY 23—1986《关中奶山羊》。

二、完成预习任务

1. 阅读学习相关资源，了解采购种羊时规避老种羊的方法。
2. 查阅测量羊的体尺所需工具。

三、完成课前讨论

1. 完成《学情分析表》（附录一）。
2. 在线提出预习中存在的问题，并进行相关讨论。

知识链接

一、必备知识

（一）羊的体尺测量

1. 羊的各部位名称

羊各部位的不同，体尺构成了不同的外形特征，了解羊的体尺可以检查和研究羊只生长发育及品种特性，对肉用羊可估测其产肉力。羊的各部位名称见图3-5。

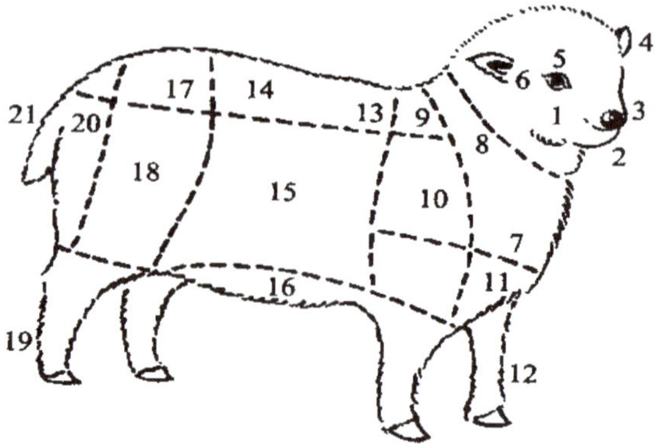

1—脸；2—口；3—鼻；4—耳；5—额；6—眼；7—颈；8—肩前沟；9—鬐甲；10—肩部；11—胸部；12—前肢；13—背部；14—腰部；15—体侧部；16—腹部；17—荐部；18—股部；19—后肢；20—尻部；21—尾

图3-5　羊的各部位名称

2. 羊的体尺测量项目

测量的项目多少要依据测量目的而确定，一般情况下需要测量体高、体长、头长、额宽、胸宽、胸深、胸围、尻长、尻高、腰角宽、管围、肢高、尾长、尾宽等部分，必须测量体高和体长。

（二）羊的品质等级评定

1. 毛用羊品质等级评定

鉴定时间一般在春季剪毛前时行，此时羊毛质量与产量等各种特征已充分表现，是对羊全面鉴定的最佳时机，要求鉴定羊的年龄为2岁。

（1）中国美利奴羊　中国美利奴羊的典型代表为苏博美利奴羊，该品种鉴定后分为三级，即一级、二级和三级，鉴定依据DB65/T 4089—2018《苏博美利权羊》。其中，一级和二级可以作为种用羊。

（2）新疆细毛羊　根据GB 2426—1981《新疆细毛羊》进行鉴定，新疆细毛羊鉴定后分为四级。即特级、一级、二级、三级。

（3）东北细毛羊　根据GB/T 2416—2008《东北细毛羊》进行鉴定。东北细毛羊鉴定后分为四级。一级和二级用于繁殖和改良粗毛羊，三级和四级用于本品种选育提高。

2. 肉用羊品质等级评定

鉴定时间在3月龄、6月龄、周岁和成年时分别进行。其中3月龄和6月龄鉴定由生产单位进行，周岁和成年鉴定由县级或县级以上专业技术部门进行。

（1）小尾寒羊　根据GB/T 22909—2008《小尾寒羊》，鉴定项目分为体质外貌评定和体重体尺评定两个方面。

（2）南江黄羊　根据NY 809—2004《南江黄羊》鉴定。

3. 奶山羊品质等级评定

母羊鉴定时间在第1、2、3胎泌乳结束后分别进行1次鉴定；成年公羊每年鉴定1次，直到后裔测定工作结束；关中奶山羊初生、3月龄时初选，3.5岁时进行终生鉴定。

4. 羔皮羊与裘皮羊等级评定

鉴定时间主要依据产品特点和质量表现最明显的时间确定。比如湖羊有初生鉴定和配种鉴定；卡拉库尔羊的鉴定时间有初生鉴定、留种鉴定和育成鉴定。我国曾公布GB/T 4631—2006《湖羊》为相关鉴定标准。

（三）羊的年龄判断

羊的年龄一般根据育种记录和耳标即可了解，但有时也需要根据羊的牙齿的生长、更换和磨损程度进行判断。

1. 耳标判断法

这种方法多用于种羊场或一般羊场的育种群，为了做好羊的育种工作，在羊的左耳佩戴金属或塑料耳标牌。每只羊都有耳标。允许有各种代号，但必须用4位或5位数字码，一般第1或第1～2个数字表示该羊出生年份的尾数，年份后面的数字则是个体编号。如9046，表示2009年出生的第46号羊；再如22138，表示2022年出生的第138号羊。因此，可以通过第1或第1～2个数字推算羊的年龄，近年来还采用耳标二维码来识别羊的年龄。

2. 牙齿判断法

根据羊的各阶段发育不同，分为乳牙和永久牙齿两种。羊共有臼齿24枚，其中，上颚有臼齿12枚（每边各6枚），下颚有臼齿12枚。羊上颚没有门齿，下颚有门齿8枚，最中间的一对称为钳齿，依次向外各对称为内中间齿、外中间齿和隅齿。羔羊出生时长出第1对乳齿，生后不久长出第2对乳齿，生后2～3周长出第3对乳齿，生后3～4周长出第4对乳齿。乳齿小而白，永久齿大而微黄。幼年羊乳齿共20枚，随着羊的生长发育，逐渐更换为永久齿，到成年时达32枚。依据乳门齿长出、更换及永久齿磨损程度可判断羊的年龄，见表3-1。

表3-1　羊的年龄判断一览表

羊的年龄	乳门齿长出、更换及永久齿磨损	习惯叫法
1周龄	乳钳齿长出	—
1～2周龄	乳内中间齿长出	—
2～3周龄	乳外中间齿长出	—
3～4周龄	乳隅齿长出	—
1.0～1.5岁	乳钳齿更换	对牙

续表

羊的年龄	乳门齿长出、更换及永久齿磨损	习惯叫法
1.5～2.0岁	乳内中间齿更换	四齿
2.5～3.0岁	乳外中间齿更换	六齿
3.5～4.0岁	乳隅齿更换	新满口
5岁	钳齿齿面磨平	老满口
6岁	钳齿齿面呈方形	—
7岁	内中间齿、外中间齿齿面磨平	漏水
8岁	开始有牙齿脱落	破口
9～10岁	牙齿基本脱落	光口

二、问题探究

1. 如何确定羊的体尺测量项目的多少？
2. 羊的年龄可据耳标编码即可了解，为什么要学习牙齿判断法？

三、资源链接

羊的品质鉴定
微课

任务实施

规避风险提示

看羊的牙龄时注意操作安全。

一、羊的体尺测量

1. 测量项目及方法

（1）体高　用测杖测量鬐甲最高点到地面的垂直距离，用厘米（cm）表示。

（2）体长　用卷尺测量肩胛骨前端到坐骨结节后端，用厘米（cm）表示。

（3）头长　用测杖测量顶骨突起部到鼻镜上缘的直线距离，用厘米（cm）表示。

（4）额宽　用测杖测量两眼外突起之间的直线距离，用厘米（cm）表示。

（5）胸宽　用测杖测量左右肩胛中心点的距离，用厘米（cm）表示。

（6）胸深　用测杖测量鬐甲最高点到胸骨底面的距离，用厘米（cm）表示。

（7）胸围　用软皮尺测量肩胛骨后端绕胸一周的长度，用厘米（cm）表示。

（8）尻长　用测杖或圆形测定器测量髋骨突到坐骨结节的距离，用厘米（cm）表示。

（9）尻高　用测杖测量荐骨最高点到地面的垂直距离，用厘米（cm）表示。

（10）腰角宽　用测杖或用圆形测定器测量两髋骨突之间的直线距离，用厘米（cm）表示。

（11）管围　用软皮尺测量前肢掌骨上1/3的水平圆周长度，用厘米（cm）表示。

2. 体尺测量的步骤

（1）将羊牵至平坦处保定，保持羊站立姿势端正。

（2）根据不同测量项目，准备好卷尺、测杖、软皮尺、圆形测量器等测量工具及记录纸笔。

（3）测量时要求部位要准确，读数要精确，测量工具使用时要规范。

（4）一边测量一边记录，2人合作完成。

3. 记录原始数据（表3-2）

表3-2　羊的体尺测量数据记录表

测量项目	羊的编号	测量数据/cm
体高		
体长		
头长		
额宽		
胸宽		
胸深		
胸围		
尻长		
尻高		
腰角宽		
管围		

二、羊的品质等级评定

1. 毛用羊品质等级评定（表3-3）

表3-3 毛用羊品质等级评定

代表品种	鉴定依据及方法
苏博美利奴羊	鉴定依据：DB65/T 4089—2018《苏博美利奴羊》 鉴定等级：三级（一级和二级可以作为种用羊） 一级：成年公羊剪毛后体重65kg以上；净毛量5.0kg以上；成年母羊剪毛后体重36kg以上；净毛量2.5kg以上 二级：成年公羊剪毛后体重60kg以上；净毛量4.5kg以上；成年母羊剪毛后体重30kg以上；净毛量2.2kg以上 三级：成年公、母羊体重和净毛产量在二级以下
新疆细毛羊	鉴定依据：GB 2426—1981《新疆细毛羊》。成年公羊剪毛后体重75kg，剪毛量8.0kg，净毛量3.5kg；成年母羊剪毛后体重45kg以上，剪毛量4.5kg，净毛量2.0kg 鉴定等级：四级 特级：毛长超过标准15%，体重和剪毛量各超过标准10%，三项中有两项达标者 一级：体重超20%，剪毛量超过标准30%，二项有一项达标者 二级：基本符合本品种特征，毛密度较稀，腹毛较稀或较短 三级：其他指标符合本品种标准，但体格较小，毛短（公羊不得低于6.0cm，母羊不得低于5.5cm）；头毛及皱褶过多或过少，油汗含量较多，颜色深黄者可列为三级
东北细毛羊	鉴定依据：GB/T 2416—2008《东北细毛羊》 鉴定等级：四级 特级：成年公羊剪毛后体重82.5kg以上，毛长10.8cm，剪毛量11.2kg以上，净毛量4.5kg以上；成年母羊剪毛后体重49.5kg以上，毛长9.6cm以上，剪毛量7.0kg，净毛量2.8kg以上 一级：成年公羊剪毛后体重82.5kg以上，毛长9.5cm，剪毛量9.3kg以上，净毛量4.0kg以上；成年母羊剪毛后体重49.5kg以上，毛长9.0cm以上，剪毛量5.8kg，净毛量2.5kg以上 二级：成年公羊剪毛后体重75kg以上，毛长9.0cm，剪毛量9.3kg以上，净毛量4.0kg以上；成年母羊剪毛后体重45kg以上，毛长8.0cm以上，剪毛量5.8kg，净毛量2.5kg以上 三级：成年公羊剪毛后体重70kg以上，毛长8.0cm，剪毛量8.8kg以上，净毛量3.8kg以上；成年母羊剪毛后体重40kg以上，毛长7.0cm以上，剪毛量5.3kg，净毛量2.3kg以上

2. 肉用羊品质等级评定

以小尾寒羊为例，体质外貌评定方法见表3-4，1周岁小尾寒羊体重体尺评价表见表3-5。

表3-4 体质外貌评定方法

部位	评定要求	评分	
		公羊	母羊
整体结构	体质结实，结构均匀，体格较大，体躯呈圆筒形，背毛白色，异质，有少量干死毛，头部有黑色或褐色色斑。裘皮型毛股清晰，弯曲明显；细毛型，毛细密，弯曲小；粗毛型，毛粗，弯曲大	25	25

续表

部位	评定要求	评分	
		公羊	母羊
头颈部	头大小适中，头颈结合良好，眼大有神，嘴头齐，鼻大且鼻梁隆起，耳中等大小下垂。公羊头大颈粗，有螺旋形大角，角形端正；母羊头小颈长，无角或有小角	10	10
体躯部	胸背腰发育和结合良好，胸部宽深，前胸宽阔，肋骨开张；腹部紧凑而不下垂；尾部长、宽、平；四肢高，四肢粗壮、健壮，蹄圆大坚实，蹄形端正；脂尾呈圆扁形，尾尖上翻内扣，尾长不超过飞节	45	50
生殖器官	母羊乳房发育良好，皮薄毛疏，乳头大小适中；公羊睾丸大小适中，发育良好，附睾明显	20	15
合计	—	100	100
分级	特级：90～100分；一级：80～89分；二级：70～79分；三级：60～69分		

表3-5　1周岁小尾寒羊体重体尺评价表

项目	母羊评分范围					公羊评分范围				
	特级 90～100	一级 80～89	二级 70～79	三级 60～69	系数/%	特级 90～100	一级 80～89	二级 70～79	三级 60～69	系数/%
体重/kg	53以上	50～53	46～49	42～45	27	108以上	104～108	99～103	95～98	27
体长/cm	80以上	78～80	75～77	72～74	23	85以上	82～85	78～81	74～77	23
体高/cm	78以上	76～78	73～75	70～72	23	83以上	80～83	77～79	73～76	23
胸围/cm	93以上	90～93	86～89	82～85	27	100以上	95～100	90～94	85～89	27
合计					100	合计				100

3. 奶山羊品质等级鉴定

以关中奶山羊为例，关中奶山羊种羊的外貌特征和评分表见表3-6，成年羊体尺和体重评级标准见表3-7。

表3-6　关中奶山羊种羊的外貌特征和评分表

部位	评定要求	评分	
		公羊	母羊
品种特征	符合品种白毛特征，皮薄毛稀，结构匀称，骨架开阔。成年母羊具有“六长”特点，即头秀长、脖扁长、背平长、尻斜长、腿直长、尾细长，全身呈明显“楔形”的乳用特征；成年公羊雄相明显，高大雄伟，特征明显	25	30

续表

部位	评定要求	评分	
		公羊	母羊
头部	头部秀长，耳朵薄长，额部宽阔，眼大有神，鼻孔开张，上下颌对称，嘴唇灵活。母羊体型呈楔形，乳用特征明显	15	10
体躯	母羊体型呈楔形，乳用特征明显，头颈肩结合良好，前胸开阔，背腰平直肋骨开张，背宽腰长；公羊腹部紧凑尻部长而宽	20	20
乳房及睾丸	母羊乳房形状方圆，基部宽广，附着紧凑，向前延伸，向后突出，质地柔软；乳头大小适中，分布对称；乳静脉粗大弯曲，排乳速度快；公羊睾丸硕大，发育良好，左右对称，两睾丸间纵沟明显，睾丸有弹性，附睾明显	25	30
四肢	四肢结实，姿势端正，关节坚实，蹄部方圆	15	10
合计	—	100	100
分级	特级：90～100分；一级：80～89分；二级：70～79分；三级：60～69分		

表3-7　成年羊体尺和体重评级标准

性别	特级			一级			二级		
	体高/cm	体长/cm	体重/kg	体高/cm	体长/cm	体重/kg	体高/cm	体长/cm	体重/kg
公羊	≥84	≥89	≥84	80～83	85～88	80～83	77～79	82～84	77～79
母羊	≥75	≥80	≥53	70～74	75～79	48～52	66～69	71～74	45～47

4. 羔皮羊与裘皮羊品质等级鉴定

以湖羊为代表，按GB/T 4631—2006《湖羊》进行鉴定。

（1）初生鉴定　分为特级、一级、二级和三级共4个等级，鉴定项目有同胎羔数、初生重、毛色、花纹类型、花案面积、十字部毛长、花纹宽度、花纹明显度、花纹紧贴度、光泽、体质类型等。

特级：凡符合以下条件之一的一级优良个体，可列为特级。即花案面积为4/4者，花纹特别优良者或同胎三羔以上者。

一级：同胎双羔，具有典型波浪形花纹，花案面积2/4以上，十字部毛长2.0cm以下，花纹明显，紧贴皮板，光泽正常、体质结实。

二级：同胎双羔，有波浪形花纹或较紧密的花片，花案面积2/4以上，十字部毛长2.5cm以下，花纹较明显，尚能看清，紧贴度较好；或花纹欠明显，紧贴度较差，但花案面积在3/4以上，花纹宽度2.5cm以下，光泽正常、发育良好，体质结实或偏细致、粗糙。

三级：有波浪形花纹或花片，花案面积2/4以上，十字部毛长3.0cm以下，花纹不明显，紧贴度差，花纹宽度不一致，光泽略暗、发育良好。

（2）配种前鉴定　鉴定项目主要为体型外貌、体重、被毛状况和体质类型等。鉴定结论分为及格和不及格两种。其中，及格的标准要求育成羊在体型外貌上具有本品种特征；公羊体重在30.0kg以上，母羊体重在25.0kg以上；被毛中干死毛比例较低，体质结实。以上未达到者为不及格等级。

三、羊的年龄判断

配图	年龄判断方法	年龄判断标准
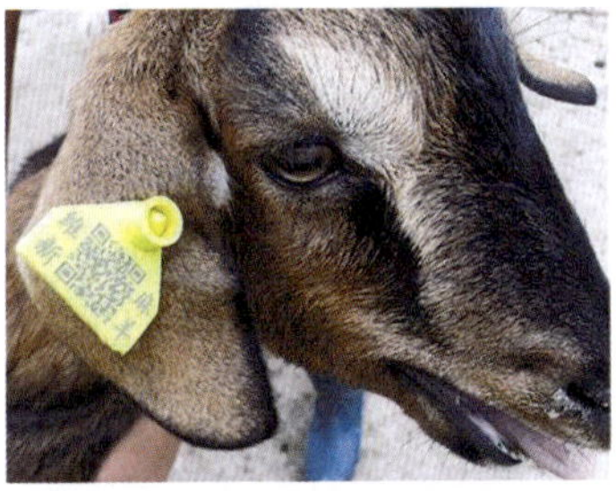	耳标判断法	方法1：耳标扫描法。扫描可见品种、生产性能及出生年月日等信息
		方法2：编号法。羊的耳标用4位或5位数字码表示，一般第1或第1～2个数字表示该羊出生年份的尾数，年号后面的数字则是个体编号，通过第1或第1～2个数字推算羊的年龄
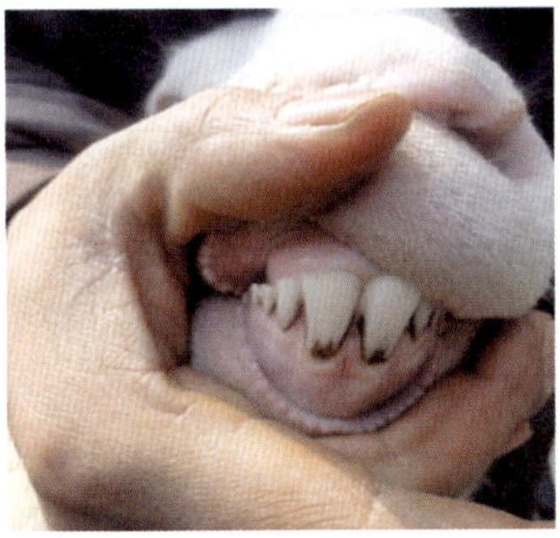	牙齿判断方法	判断标准（记忆口诀）：一岁起长对牙；一岁半，中齿换；到二岁，换两对；两岁半，三对全；满三岁，牙换齐；四磨平；五齿星；六现缝；七露孔；八松动；九掉齿；十脱净
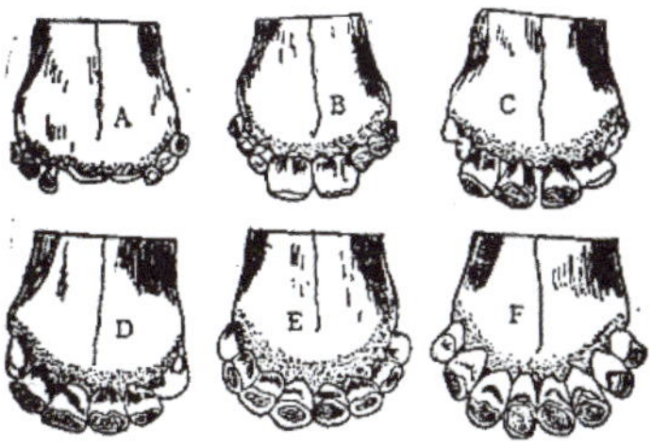		看图判断：A为1岁；B为1岁至1岁4个月；C为2岁；D为2岁3个月至2岁9个月；E为3～4岁；F为5～6岁

学业评价

“羊的品质鉴定”学业考核评价表

专业班级：　　　　　　姓名：　　　　　　考核时间：

<table>
<tr><th>评价方式</th><th colspan="2">考核内容</th><th>评分标准</th><th>配分</th><th>得分</th><th>备注</th></tr>
<tr><td rowspan="3">自我评价（15%）</td><td rowspan="3">必备知识</td><td>羊的体尺测量</td><td>了解羊的各部位名称，计2分；记住3个以上羊的体尺测量项目，计2分</td><td>4</td><td></td><td rowspan="3">通过学银在线进行自我评价</td></tr>
<tr><td>羊的品质等级评定</td><td>熟悉毛用羊品质评定等级分类，计2分；熟悉肉用羊品质评定等级分类，计2分；熟悉奶山羊品质等级分类，计2分；熟悉羔皮羊和裘皮羊等级鉴定时间，计2分</td><td>8</td><td></td></tr>
<tr><td>羊的年龄判断</td><td>掌握耳标判断法，计1分；掌握牙齿判断法，计2分</td><td>3</td><td></td></tr>
<tr><td rowspan="3">教师学业评价（50%）</td><td rowspan="3">任务实施</td><td>羊的体尺测量</td><td>会选择适宜的用具测量体尺项目，计10分；掌握测量步骤，计2分</td><td>12</td><td></td><td rowspan="3">按任务达成程度进行评价</td></tr>
<tr><td>羊的品质等级评定</td><td>能评价毛用羊的品质评定过程是否科学，计8分；能评价肉用羊品质评定等级是否科学，计8分；能评价奶山羊品质等级是否科学，计8分；能评价羔皮羊和裘皮羊初生等级鉴定是否合理，计8分</td><td>32</td><td></td></tr>
<tr><td>羊的年龄判断</td><td>给出案例，能依据编号判断羊的出生年份，计3分；给出案例，能依据牙齿生长、更换和磨损情况来判断其年龄，计3分</td><td>6</td><td></td></tr>
<tr><td rowspan="3">学生互评（35%）</td><td rowspan="3">学习过程考核</td><td>课前</td><td>参加学习资源准备，计5分；完成预习任务，计5分；参与课前讨论，计5分</td><td>15</td><td></td><td>组间互评</td></tr>
<tr><td>课中</td><td>严格遵守课堂纪律，计2分；有秩序地实施任务，并按时完成，计3分；积极参加问题探究，计2分；提出有意义的问题，计3分；完成小组分配的任务，计2分；在线抢答问题且答案正确，计3分</td><td>15</td><td></td><td>组间互评</td></tr>
<tr><td>课后</td><td>能查阅羊的生物学特性，并传至学银网平台的作业栏中，计3分；能清扫和整理工作室，计2分</td><td>5</td><td></td><td>组间互评</td></tr>
<tr><td colspan="4">总计</td><td>100</td><td></td><td>—</td></tr>
</table>

注：90分及以上为优秀等级；75～89分为良好等级；60～74分为合格等级；60分以下为不合格。

课后拓展

- 查阅羊的生物学特性并传至学银在线平台的作业栏中。

羊的生物学特性

自测练习

1. 羊的体尺测量时，均由________人合作完成。
2. 羊的年龄判断方法有________和________。
3. 羔皮羊与裘皮羊品质等级鉴定时，其初生鉴定分为__________、__________、________和________四个等级。

任务三　羊胚胎移植技术的应用

学习目标

知识目标

1. 了解适合胚胎移植羊的品种。
2. 了解羊胚胎移植前的准备工作。
3. 熟悉诱导发情和同期发情的方法。
4. 掌握超数排卵处理方案的设计内容。
5. 掌握羊的发情鉴定方法。
6. 掌握母羊人工授精技术操作步骤。
7. 熟悉胚胎的采集和质量鉴定方法。
8. 熟悉胚胎的保存方法。
9. 掌握胚胎移植的操作要领。
10. 掌握母羊的预产期推算方法。
11. 熟悉母羊妊娠诊断的常用方法。

技能目标

1. 会选择诱导发情的激素。
2. 会进行超数排卵处理方案设计。
3. 会推算母羊的预产期。
4. 会利用超声波探测仪对母羊进行早期妊娠诊断。

素养目标

1. 在学习母羊诱导发情与同期发情、母羊超数排卵过程中，养成积极、认真、敬业、负责的职业精神。
2. 在学习羊的胚胎质量鉴定时，树立质量第一、诚实守信、守正创新的意识。
3. 在利用超声波探测仪进行母羊早期妊娠诊断时，边操作边总结该仪器的诊断原理，进一步认识到科技兴牧的重要性。

任务描述

在羊的繁殖领域中，胚胎移植技术是培育试管羊、转基因羊、嵌合体动物和克隆羊的重要技术基础，随着胚胎移植技术的研究、发展和应用，对养羊业起到非常重要的作用。因此，羊的胚胎移植是生产中应用最广泛的技术之一。依据NY/T 1571—2007《羊胚胎移植技术规程》的要求，我们将按照如图3-6和图3-7所示的内容完成学习任务。

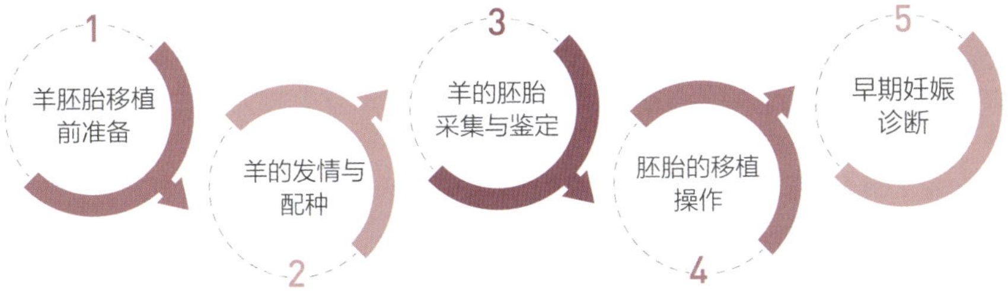

图3-6　“羊胚胎移植技术的应用”实施环节

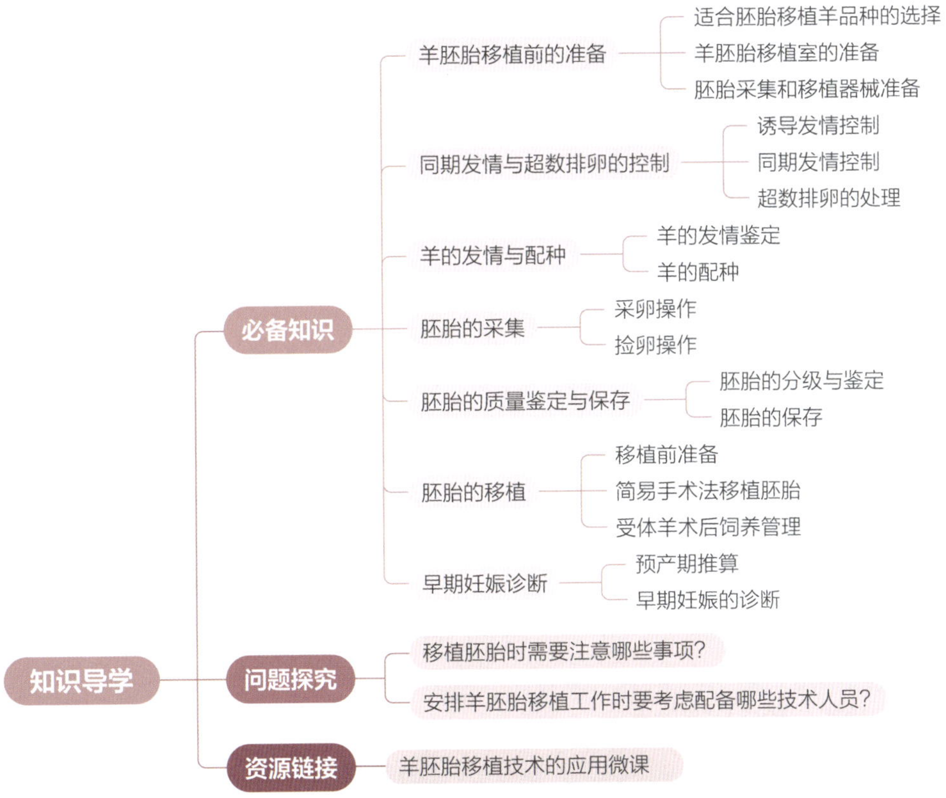

图3-7　“羊胚胎移植技术的应用”知识思维导图

课前准备

一、学习资源准备

通过网络获取NY/T 1571—2007《羊胚胎移植技术规程》。

开展羊胚胎移植技术的优势

羊的胚胎发育过程

二、完成预习任务

1. 阅读学习相关资源，了解开展羊胚胎移植技术的优势。

2. 查阅羊的胚胎发育过程。

三、完成课前讨论

1. 完成《学情分析表》(附录一)。
2. 在线提出预习中存在的问题，并进行相关讨论。

知识链接

一、必备知识

(一)羊胚胎移植前的准备

1. 适合胚胎移植羊品种的选择

(1)供体羊的选择　年龄一般为2.5～7岁，青年羊为18月龄。供体母羊应选择生产性能好、经济价值高、抗病力强的羊作为供体；供体应具有良好的繁殖能力，既往繁殖史没有遗传缺陷。其发情周期正常，发情征兆明显，易配易孕，分娩顺利，无难产或胎衣不下现象；供体羊营养良好，体质健壮，健康无病。

(2)受体母羊的选择　作为胚胎移植受体母羊，只要成本低，适应性强、耐粗饲、无繁殖疾病的羊均可。供体羊和受体羊之比在1：5为宜。

2. 羊胚胎移植室的准备

胚胎是很脆弱的生命体，一旦离开机体后，外界的任何不良因素都可导致胚胎死亡，因此，对胚胎移植室的环境要求极其严格。胚胎移植室主要由胚胎移植更衣室、胚胎移植准备室、溶液配制室、胚胎处置室和胚胎移植手术室组成。

3. 胚胎采集和移植器械准备

需要准备卵回收器械、检卵器械、移植用具、手术器械、药品及试剂等。重点准备冲卵液(PBSS)、促卵泡激素(FSH)、促黄体素(LH)、孕马血清促性腺激素(PMSG)及抗孕马血清促性腺激素等超数排卵激素；同期发情所用孕激素类药物；麻醉药；止血药；抗生素及其他消毒液、纱布、药棉等。

(二)同期发情与超数排卵的控制

1. 诱导发情控制

诱导发情，是在母羊乏情期内，人为地应用外源激素(如促性腺激素、溶黄体激素)和某些生理活性物质(如初乳)及环境条件的刺激等方法，促使母羊的卵巢机能由静止状态转变为性机能活跃状态，从而使母羊恢复正常的发情、排卵，并可进行配种的一项繁殖控制技术。

（1）诱导发情的激素制剂选择　主要有促卵泡激素、马绒毛膜促性腺激素（ECG）、促黄体素、人绒毛膜促性腺激素（HCG）、促性腺激素释放激素（GnRH）、孕马血清促性腺激素、雌激素、孕激素（Progestins）、前列腺素（PG）等。生产实践中，促卵泡激素和马绒毛膜促性腺激素作为促卵泡发育的首选激素应用较为普遍；促黄体素、人绒毛膜促性腺激素和促性腺激素释放激素制剂则多辅助性地应用于促进卵泡的成熟和排卵；孕马血清促性腺激素具有促卵泡激素和促黄体素的双重作用，但以促卵泡激素作用为主；雌激素可以诱导母羊出现明显的发情表现；孕激素可以抑制发情和排卵。前列腺素的种类很多，不同类型其生理作用不同，与生殖有关的前列腺素有PGF2α和PGE2。母羊的PGF2α具有溶黄体、有利于精子的运输和子宫内容物的排出等作用。

（2）诱导发情的方法

①供体母羊的处理方法：在供体母羊发情周期的任何一天开始处理，在供体母羊阴道内放置孕激素或孕酮海绵阴道栓，第15天撤栓，在放栓的第13天开始用促卵泡激素注射3天；在第15天撤栓的同时注射前列腺素0.1～0.2mg；在撤栓后24～48h发情。

②受体母羊的处理方法：在供体母羊放栓的同时，受体母羊阴道内放置孕激素海绵阴道栓，第14天注射孕马血清促性腺激素400～500IU，第15天撤栓，撤栓同时注射前列腺素0.1～0.2mg，在撤栓后24～48h发情，与供体母羊同期发情。

2. 同期发情控制

（1）同期发情的途径

①延长黄体期：给一群母羊同时施用孕激素药物，抑制卵泡的生长发育和发情表现。经过一定的作用时间后同时停药，由于卵巢同时失去外源性孕激素的控制，卵巢上的周期黄体已退化，于是同时出现卵泡发育，引起母羊同期发情。采用孕激素抑制母羊发情，实际上是人为地延长黄体期，起到延长发情周期、推迟发情期的作用。

②缩短黄体期：利用性质完全不同的另一类激素即前列腺素（PGF2α）同时向一群待处理的母羊施用，前列腺素药物有溶解黄体的作用，使黄体溶解，中断黄体期，停止孕酮分泌，从而促进垂体促性腺激素的释放，使卵巢提前摆脱体内孕激素的控制，于是卵泡得以同时开始发育，从而达到母羊同期发情。这种情况实际上是缩短母羊的发情周期，促使母羊在短时间内发情。

（2）同期发情激素分类　应用于同期发情的药物，根据其性质大体可分为三大类：一是抑制卵泡发育的制剂（如孕激素）；二是溶解黄体的制剂（如前列腺素）；三是促进卵泡发育、排卵的制剂（如促进腺激素）。前两类是同期发情的基础药物，第三类是为了促使母羊发情有较好的准确性和同期性，配合前两类同期发情的基础药物。

（3）激素使用方法　以孕激素应用为例。孕激素法有许多种不同的具有孕激素作用的孕酮类似物，可用于羊的同期发情。每一种孕酮类似物都有其不同的用法。同一物质在不同类型上也有不同的用法，比如阴道海绵栓法。这种海绵栓含有孕激素，如甲孕酮（MAP）和氟孕酮（FGA）。它的含量是自然状态下孕酮含量的10～20倍。它可以不断释放孕激素，从而抑制羊的发情周期，一旦撤除立即引起同期发情。如今，这种方法广泛地应用于世界各国。

孕激素+孕马血清促性腺激素+前列腺素法。在常规情况下，使用孕激素（11天）和孕马血清促性腺激素后，配合使用前列腺素对同期发情也有非常好的结果。

3. 超数排卵的处理

超数排卵（Superovulation）指在母羊发情周期的适当时期，注射外源性促性腺激素，如促卵泡激素或孕马血清促性腺激素，诱发其卵巢比自然情况下有较多的卵泡发育并排卵的方法，简称超排。超数排卵效果取决于素的选择。在动物的超数排卵处理过程中，常用的激素有孕激素、促卵泡激素、促黄体素、孕马血清促性腺激素、人绒毛膜促性腺激素、前列腺素类物质及促排卵素3号（LRH-A3）。生产实践中常用的激素选择及使用方法如下。

（1）孕激素制剂的选择及使用方法　我国主要采用自制的孕激素海绵阴道栓剂，制作方法为：自制系有细绳的海绵栓（直径2～3cm），并进行灭菌处理，然后将适量药物如甲孕酮40～60mg、氟孕酮20～40mg、孕酮150～300mg，溶于清洁经过灭菌的植物油中，加入青链霉素适量，最后用海绵栓吸取药液。使用时，利用开腟器扩张阴道，用长柄钳夹住海绵栓送于阴道深部，让细绳的一端暴露于阴门外。也可以采用国外商品化生产的孕激素阴道栓，即pri day（Pri days in progesterone vaginal suppository）和Ci day r（Ci day r in progesterone vaginal suppository）。

（2）促卵泡激素制剂的选择及使用方法　使用国内生产的促卵泡激素，常见规格100IU/支，肌肉注射，每只羊用量为150～180IU。也可采用澳大利亚和加拿大生产的FSH，规格为400mg/瓶，肌肉注射。

（3）促黄体素选择及使用方法　国产规格为200IU/支，静脉注射，每只羊用量120～200IU/支。

（4）孕马血清促性腺激素的选择及使用方法　国产的常用规格均为1000IU/支，肌肉注射，每只羊500IU。澳大利亚和加拿大生产的孕马血清促性腺激素，规格20000IU/瓶，配100mL专用稀释液，肌肉注射，每只羊400～500IU，即2～2.5mL。

（5）氯前列烯醇（PG Cloprostenol）的选择及使用方法　常见规格2mL/支，含量0.2mg；肌肉注射，每只羊用量0.1～0.2mg，即1～2mL。

（三）羊的发情与配种

1. 羊的发情鉴定

羊的准确发情鉴定是确定适宜的输精时间和提高受胎率的重要保证，发情鉴定方法采取外部观察法、试情法和阴道检查法等综合鉴定。

2. 羊的配种

（1）自然交配　在胚胎移植生产实践中，若限于条件可直接将种公羊与发情母羊交配，这种配种方式称为自然交配，也称本交配种，供体母羊第一次配种时间应在开始发情后8～12h进行，以后每隔8～12h配种一次，直至休情。对于发情持续期少于24h的，也要在第一次配种后8～12h再补配一次，使供体母羊配种次数不少于2次。

（2）人工授精　羊的人工授精技术包括采精、精液品质检查、精液稀释和输精等程序。采取人工授精能提高优秀种公羊的利用率，提高母羊的受胎率，减少疾病的水平传播。

①采精：采精前将假阴道和集精瓶用75%的酒精消毒，再用生理盐水冲洗3～5次，起到除去杂质和润滑作用，尽量不使用凡士林润滑，以免黏附杂质。同时，用温水将公羊腹下污物擦洗干净，擦净包皮。采精前将发情母羊阴道粘液或尿液涂在公羊鼻端，也可刺激公羊性欲。操作时采精人员蹲于母羊右后方，右手握假阴道，贴靠在母羊尾部，入口朝下倾斜。当公羊爬跨母羊阴茎伸出时，用左手轻拨公羊包皮（勿接触龟头），并迅速将阴茎导入假阴道中。公羊射精后从台羊身上跳下，顺着公羊动作向后移下假阴道，将有集精瓶的一端向下，放出气体，取下集精瓶，盖好瓶盖，做好标记。

②精液品质检查：采用肉眼检查和显微镜检查，要求密度达“中”以上，活力0.7以上，即可用于输精。如果畸形精子较多则不宜输精。

③精液稀释：稀释倍数一般为2～4倍，稀释完毕后，必须做活力检查，达到要求后方可用于输精。稀释液参考配方如下。

配方一：脱脂乳粉10g+卵黄10g+蒸馏水100mL+青霉素100000IU。

配方二：柠檬酸钠1.4g+葡萄糖3.0g+蛋黄20g+蒸馏水100mL+青霉素100000IU。

两种配方调配时，分别将脱脂乳粉、柠檬酸钠、葡萄糖加入蒸馏水中，经过蒸煮消毒、过滤，最后加入卵黄和青霉素，振荡溶解后即制成了稀释液。

④输精：首先保定发情母羊。利用横杠式输精保定架进行保定，后肢担在横杠上，前肢着地，后肢悬空；也可用专用保定梯架进行保定，保定前母羊外阴部用煤酚皂溶液消毒，水洗、擦干。

其次，做好器械与人员准备。输精前所有的器材要消毒灭菌，对于输精器及开膣器最好蒸煮或在高温干燥箱内消毒。输精人员穿工作服，手指甲剪短磨光，手洗净擦干。

第三，输精操作。将灭菌消毒的开膣器插入阴道，找到子宫颈口，将吸好精液的输精器缓慢插入子宫颈口内0.5～1.0cm，注入精液。一次输精量为原精液0.05～0.1mL，稀释精液0.1～0.2mL。要求有效精子数在7500万个以上，初配羊输精量需加倍。通常在早晨1次试情，早晚各1次输精。第二天继续发情的羊，重新输精。要对已输精完毕的母羊做好标记，以便识别。生产中，输精量也依据当天输精羊的头数和采精量而定。当天输精工作结束后，将用过的全部器械、用具洗净，用75%酒精消毒后，放在搪瓷盘里，盖上盖布以备后需。

⑤母羊适配年龄确定：母羊的初配年龄一般为12～18月龄，我国农区饲养的一些羊品种如小尾寒羊、湖羊等均为早熟品种，生长发育较快，母羊初配年龄为6～8月龄。广大牧区饲养的绵羊，初次配种年龄往往较晚，一般在18月龄或体重达到正常成年母羊体重的70%时，开始第一次配种。

（四）胚胎的采集

1. 采卵操作

（1）采卵时间　以发情日为0天，在6～7.5天或2～3天（手术法）分别从子宫和输卵管处回收卵。

（2）供体羊准备　供体羊手术前应停食24～48h，可供给适量饮水。

①供体羊的保定和麻醉：供体羊仰放在手术保定架上，四肢固定。股肉注射2%静松灵0.2～0.5mL，局部用0.5%盐酸普鲁卡因麻醉，或用2%普鲁卡因2～3mL，或注射多卡因2mL，在第一、第二尾椎间作硬膜外鞘麻醉。

②手术部位及其消毒：手术部位一般选择乳房前腹（两条乳静脉之间）或四肢股内侧鼠蹊部。用电剪或毛剪在术部剪毛，剪净毛茬后分别用清水和消毒液冲洗局部，然后涂以2%～4%的碘酒，待干后再用70%～75%的酒精棉脱碘。先盖上大创布，再将灭菌巾盖于手术部门，使预定的切口暴露在创巾开口的中部。

（3）术者准备　术者预先将指甲剪短磨光，然后用指刷、肥皂清洗，特别注意刷洗指缝，再进行消毒。术者需穿清洁手术服、戴工作帽和口罩。

手臂消毒时，在两个盆内各盛温热的洁水（已煮沸过）3000～4000mL，加入氨水，配成0.5%的氨水溶液，术者将手指尖到肘部先后在2盆氨水中各浸泡2min，洗后用消毒毛巾或纱布擦干，按手向肘的顺序擦。然后再将手臂置于0.1%的新洁尔灭液中浸泡5min，或用70%～75%酒精棉球擦拭2次。双手消毒后，要保持拱手姿势，避免与未消毒过的物品接触，一旦接触，要重新消毒。

（4）手术过程　手术操作要求细心、谨慎、熟练，否则直接影响冲卵效果和创口愈合及供体羊繁殖机能的恢复。手术过程包括组织分离、止血、缝合三个步骤。

（5）采卵方法　分为输卵管冲卵法和子宫冲卵法。其中，输卵管冲卵法的优点是卵的回收率高，冲卵液用量少，检卵节省时间；缺点是容易造成输卵管特别是伞部的粘连。而子宫冲卵法对输卵管损失甚微，尤其不涉及伞部，但卵回收率较输卵管冲卵法低，用液较多，检卵较费时。

2. 捡卵操作

（1）操作要求　捡卵者应熟悉体视显微镜的结构，做到熟练使用。找卵的顺序应由低倍到高倍，一般在10倍左右就能发现卵子。对胚胎鉴定分级时则转向高倍（或加上大物镜）。改变放大率时，需再次高速焦距至看清物象为止。

（2）找卵技巧　根据卵子的密度、大小、形态和透明带折光性等特点找卵。通常卵子的密度比冲卵液大，因此一般位于集卵皿的底部；羊的卵子直径为150～200μm，肉眼观察只有针尖大小；卵子是一球形体，在镜下呈圆形，其外层是透明带，它在冲卵液内的折光性比其他不规则组织碎片折光性强，色调为灰色；当疑似卵子时晃动表面皿，卵子滚动，用玻璃针拨动，针尖尚未触及卵子即已移动；镜检找到的卵子数，应和卵巢上排卵点的数量大致相当。

（3）捡卵前的准备　待捡的卵应保存在37℃条件下，尽量控制好环境温度、灰尘。捡卵时将集卵杯倾斜，轻轻倒弃上层液，留杯底约10mL冲液，再用少量冲卵液冲洗集卵杯，倒入表面皿镜检。在酒精灯上消毒内径为300～400μm的玻璃吸管和玻璃针。将10%或20%羊血清冲卵液保存液用0.22μm滤器过滤到培养皿内。每个冲卵供体羊需备3～4个培养皿，写好编号，放入培养箱待用。

（4）捡卵方法　先清除卵外围的黏液与杂质，然后再捡卵。方法见任务实施。

（五）胚胎的质量鉴定与保存

从供体采到的胚胎并不是每个都具有生命力，胚胎需经过严格的鉴定，确认发育正常者（可用胚胎）才能移植。

1. 胚胎的分级与鉴定

（1）胚胎的分级　羊在发情后第6.5～7.5天，采集的胚胎处于以下发育期：紧缩桑葚胚（M）、早期囊胚（EB）、囊胚（B）、扩张囊胚（EXB）。用形态学方法进行胚胎质量鉴定，将胚胎一般分为A、B、C三级。A、B级胚胎可用于鲜胚移植，A级胚可以冷冻保存，C级最好不用。

（2）胚胎的鉴定　A级为优良胚胎，B级为普通胚胎，C级为不良胚胎。各种哺乳动物早期妊娠胚胎的死亡率相当高。羊的受精率非常高，但产仔率通常只有70%左右，羊胚胎死亡大多发生在妊娠最初的18天内。造成胚胎死亡的主要因素是饲养管理和环境影响，也存在受精卵基因型异常的原因。

2. 胚胎的保存

目前用于胚胎保存的方法主要有异种活体保存、常温保存、低温保存和胚胎或分割胚的冷冻保存。

（1）异种活体保存　一般将暂不使用的胚胎放在活体同种或异种动物的输卵管内保存。早在1961年，英国农业研究委员会生殖生理和生物化学研究室将母羊胚胎移植到母兔体内，以母兔作为一个活体卵孵育箱，空运到非洲，将胚胎从兔体内取出，移植到当地羊体内再成功产羔。以后许多实验表明，牛、羊和猪等的早期胚胎在兔输卵管内能存活数日，并可继续发育。如牛早期胚胎可在结扎的兔输卵管中保存3～4天，移植后能产犊；2细胞的羊胚胎，移植到假孕1天的兔输卵管中可存活5天，且移植后能产羔。然而，异种胚胎在兔输卵管内保存的时间是有限的。此外，为避免胚胎在异种动物输卵管内的丢失或吸收，可用琼脂柱先将胚胎封存。

（2）常温保存　经检胚鉴定认为可用的胚胎，可短期保存在新鲜的冲卵液中准备移植，一般在25～26℃条件下，胚胎在冲卵液中可保存4～5h，而不影响移植效果。若要保存更长时间，则需对胚胎进行降温处理。

（3）低温保存　将发育早期的胚胎保存在0～4℃条件下，其发育可暂时停止，这种停止是可逆的。适于此种保存方法的胚胎一般均为致密桑或早期囊胚，因为此期的胚胎要比更早期的胚胎更适合低温保存。利用此特点，在生产和实验过程中可将当天未用完的胚胎在0～4℃下短期保存，移植给第2～3天的受体母羊，且生理状态不受影响。羊胚胎在0～13℃条件下，保存最长时间可达10天，移植后仍能产羔羊。

（4）胚胎或分割胚的冷冻保存　胚胎或分割胚的冷冻保存（Embryo cryopreservation）技术是指在低温条件下利用低温保护剂保存胚胎的技术。其冷冻保存的原理是低温能够抑制生物机体的生物化学活动，降低了胚胎内的变质反应速度。

（六）胚胎的移植

1. 移植前准备

准备好移植液、受体羊和所需药品。

2. 简易手术法移植胚胎

生产中常利用腹腔镜胚胎移植，即在腹腔镜下寻找排卵侧子宫角，然后用宫颈钳拉出体外进行胚胎移植。受体羊术后在小圈内观察1～2天。圈舍应干燥、清洁，防止感染。

3. 受体羊术后饲养管理

受体羊术后1～2个情期内，要注意观察返情情况。若返情，则应进行配种或移植；对没有返情的羊，应加强饲养管理。妊娠前期，应满足母羊对热量的摄取，防止胚胎因营养不良而引起早期死亡。在妊娠后期，应保证母羊营养的全面需要，尤其是对蛋白质的需要，使胎儿充分发育。

（七）早期妊娠诊断

1. 预产期推算

绵羊妊娠期平均150天（146～157天）；山羊妊娠期平均152天（146～161天）。妊娠期的长短与品种、年龄及胎儿数、性别以及环境因素等有关。早熟肉羊品种，在良好的饲养管理条件下，妊娠期较短，平均为145天。

有配种记录的母羊，可以按配种日期以“月加5、日减三”的方法来推算预产期。例如9月20日配种妊娠的母羊其预产期应为2（9+5-12）月17（20-3）日。

2. 早期妊娠的诊断

配种后的母羊应尽早进行妊娠诊断，以便及时发现空怀母羊并采取补配措施，对妊娠的母羊加强饲养管理，避免流产。羊的个体小，不便进行直肠检查，主要采用表现征象观察、阴道检查、免疫学诊断、B超腹部探头检查和B超直肠探头检查等方法。具体操作过程见任务实施。

二、问题探究

1. 移植胚胎时需要注意哪些事项？
2. 安排羊胚胎移植工作时要考虑配备哪些技术人员？

三、资源链接

羊胚胎移植技术的应用微课

任务实施

规避风险提示

羊胚胎移植技术人员要严格培训。

一、羊胚胎移植前的准备

配图	准备项目	准备内容
	适合胚胎移植羊的品种选择	供体羊选择：具有较高生产性能和遗传育种价值；年龄为2.5～7岁（青年羊为18月龄）的优秀公母羊，如供体的公羊为无角道赛特、供体母羊群为湖羊等
		受体羊选择：具有成本低、适应性强、耐粗饲、无繁殖疾病、群体大的母羊

配图	准备项目		准备内容
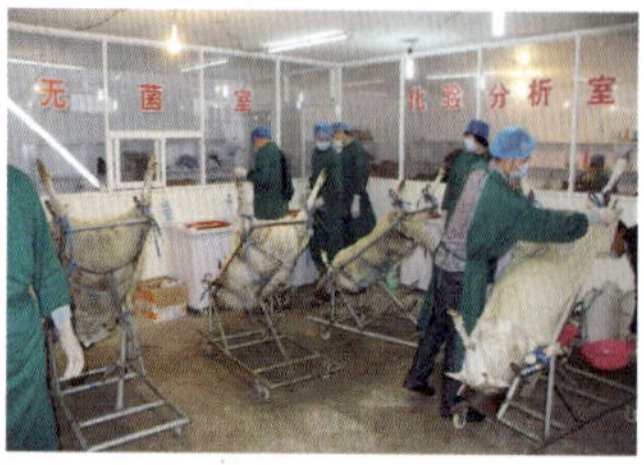	羊胚胎移植室的准备		胚胎移植更衣室：16m^2。 胚胎移植准备室：24～32m^2。 溶液配制（化学分析）室：24～32m^2。 胚胎处置（无菌）室：面积为24～32m^2。 胚胎移植手术室：40～50m^2
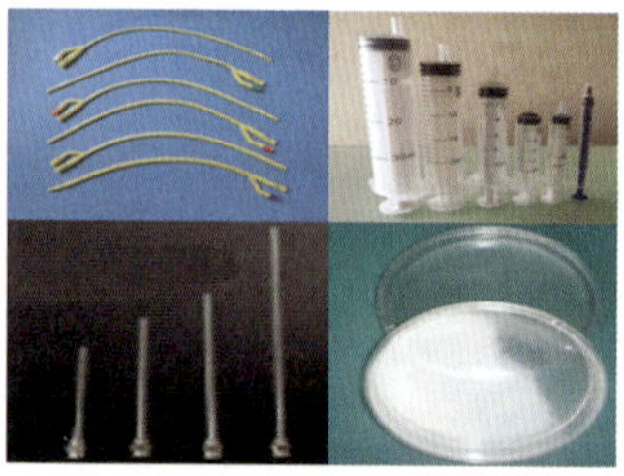	器械准备	胚胎采集器械准备	卵回收器械：冲卵管、一次性注射器（包括1mL，5mL，10mL，20mL，60mL）、冲卵用针头（可用7号输液器头代替，但要把针尖磨钝）、各种规格的集卵杯、培养皿和表面皿
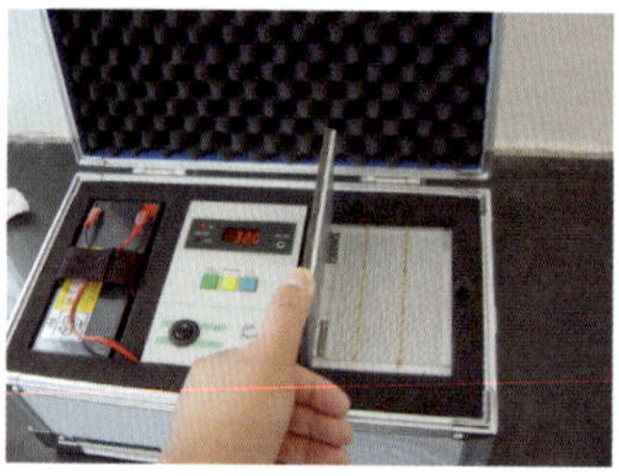			检卵器械：体视显微镜、表面皿和培养皿。 移植用具：微量注射器（12号针头磨钝）、移植管。 恒温箱：保持恒定温度
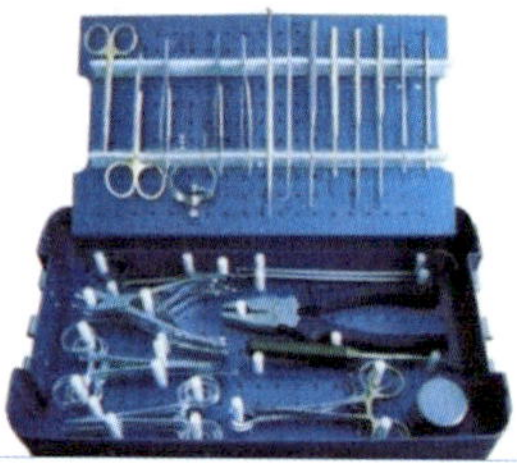		手术器械准备	毛剪、外科剪（圆头、尖头）；活动刀柄、外科刀、刀片；止血钳（弯头、直头）、蚊式止血钳、创巾夹、持针器、手术镊（带齿、不带齿）；缝合针（圆刃针、三棱针）、缝合线（丝线、肠线）、创巾若干；手术保定架、活动手术器械车、手术灯
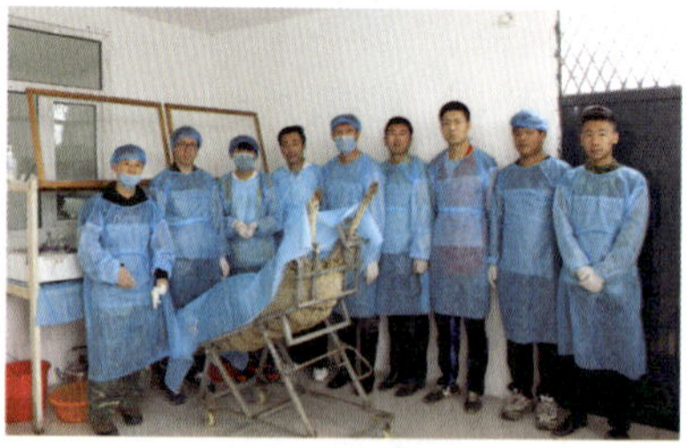	胚胎移植人员准备		羊的胚胎移植生产，最少需要2名技术精湛的操作人员；如果每天胚胎移植供体羊20只，受体羊100只，还需要配备10余名辅助人员，其中，1名兽医负责术部消毒，麻醉和术后苏醒，2名兽医负责手术缝合，6～8人负责羊的保定
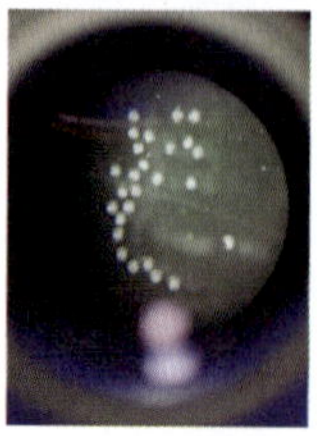	诱导同期发情和超数排卵		同期发情激素应用：孕激素应用等。 超数排卵激素应用：孕激素海绵阴道栓剂等，并检查超排卵的数量和质量

二、羊的发情与配种

配图	操作项目	操作方法	操作过程
	羊的发情鉴定	外部观察法	观察到母羊表现不安，目光滞钝，食欲减退，哞叫，外阴部红肿，流黏液
		试情法	方法：挑选2～4岁体质健壮、性欲强的公羊（结扎试情布），每日定时放入母羊群中。 观察：发情母羊表现为主动接近试情公羊，弓腰举尾，后肢开张，频频排尿，接受试情公羊的爬跨和鼻嗅
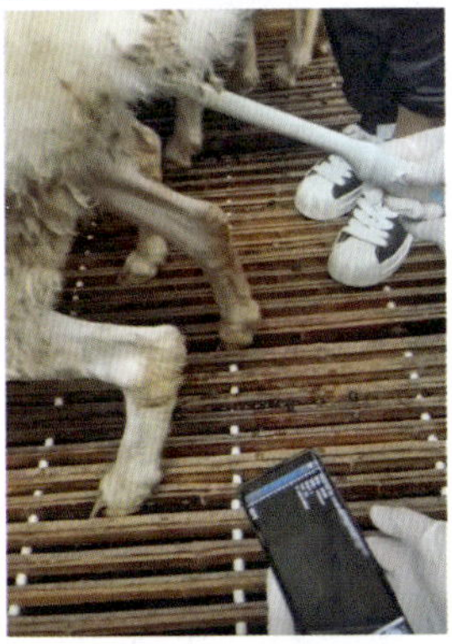		阴道检查法	利用消毒好的羊用阴道开膣器借助光线观察阴道黏膜、分泌物和子宫颈口的变化来判断发情与否
	羊的配种操作	自然配种	将成年公母羊按适宜比例混群饲养
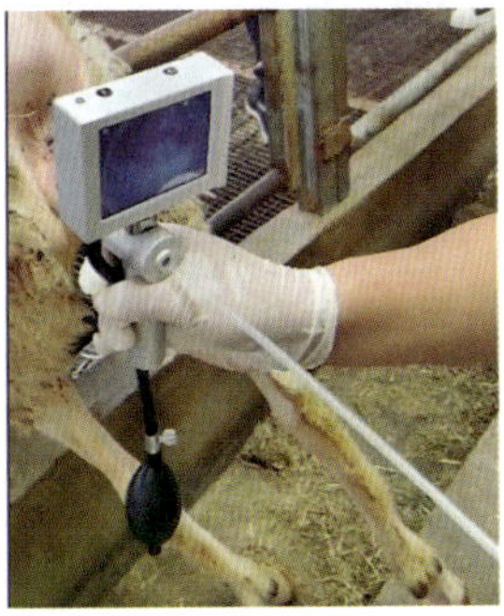		人工授精	操作规程：保定母羊→消毒→插入开膣器（2/3）→打开开膣器→插入输精器（0.5～1cm）→输新鲜原精液0.1mL（稀释精液0.2～0.3mL）

三、羊的胚胎采集与鉴定

配图	操作项目	操作过程
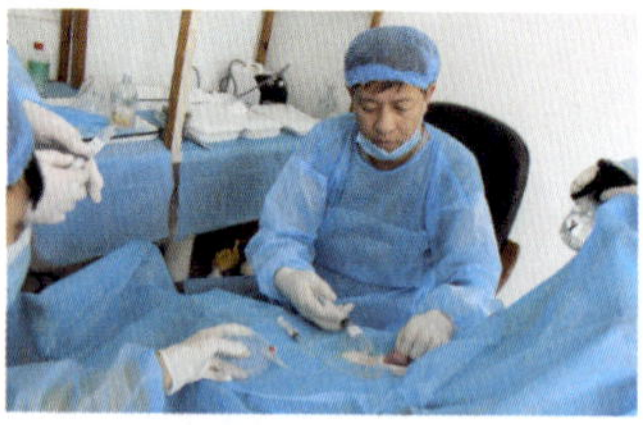	采卵操作	手术过程：进行组织分离、止血、缝合等操作。 冲卵方法：以输卵管冲卵为例，将冲卵管一端由输卵管伞部的喇叭口插入2～3cm，另一端接集卵皿。用注射器吸取37℃的冲卵液5～10mL，在子宫角与输卵管结合部，将针头朝输卵管方向刺入并输入冲卵液，由宫管结合部流入输卵管，经输卵管流至集卵皿
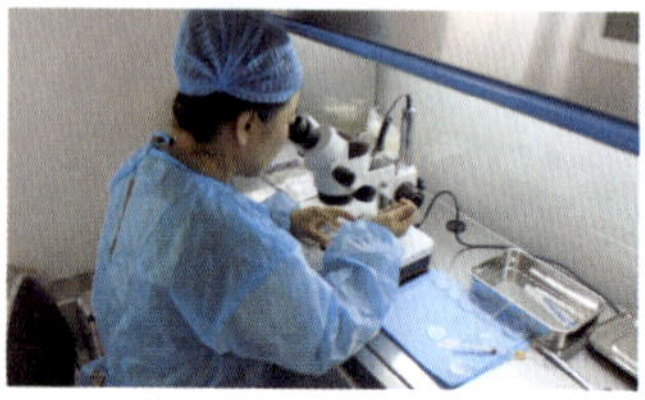	捡卵操作	在37℃条件下，将胚胎吸至第一个培养皿内，吸管先吸入少许冲卵液再吸入卵。在培养皿的不同位置冲洗卵3～5次。在第二个培养皿内依次重复冲洗，然后把全部卵移至另一个培养皿。每换一个培养皿时应换新的玻璃吸管，一个供体的卵放在同一个皿内
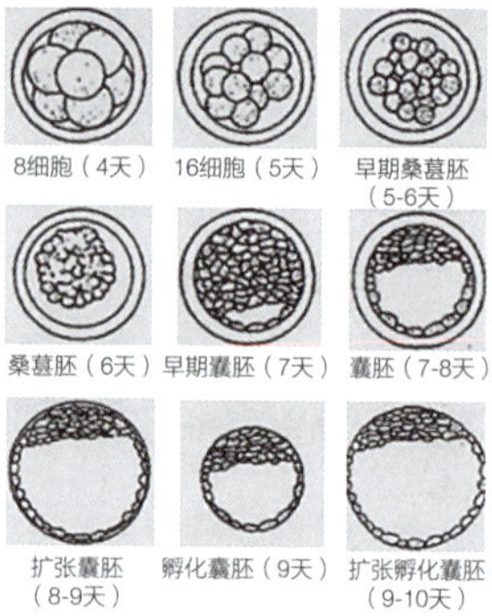	正常胚胎鉴定	A级：优良胚胎。胚胎形态完整，卵细胞和分裂球轮廓清晰，呈球形，分裂球大小均匀，结构紧凑，色调和透明度适中，无附着的细胞和液泡
		B级：普通胚胎。与A级胚相比，稍有变形，但卵细胞和分裂球的轮廓清晰，细胞质较致密，分布均匀，色调良好，可见到少量附着的细胞和液泡，变性细胞占10%～30%
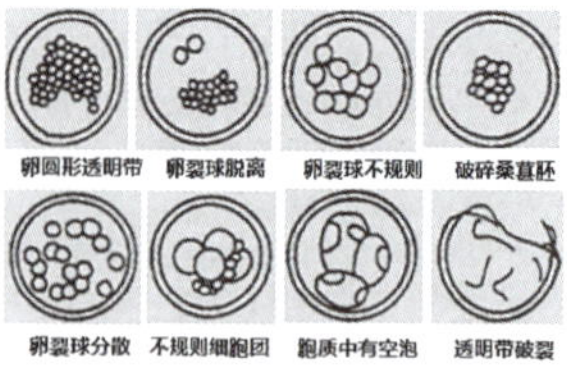	异常胚胎鉴定	C级：不良胚胎。形态有明显变异，卵细胞和分裂球轮廓稍不清晰或部分不清晰，色发暗，细胞质不致密，分布不均匀，游离的细胞和液泡较多，变性细胞占30%～50%

四、胚胎的移植操作

配图	操作项目	操作方法
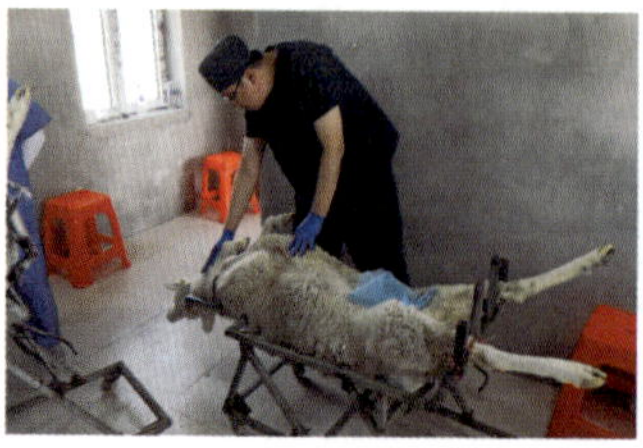	移植前准备	移植液准备：0.03g牛血清白蛋白溶于10mL的冲卵液中或1mL血清+9mL的冲卵液，以上2种移植液均含青霉素（100IU/mL）和链霉素（100IU/mL）。配好后用0.22μm细菌滤器过滤，置38℃培养箱中备用。 受体羊准备：术前空腹12～24h，仰卧或侧卧于手术保定架上，肌注0.3～0.5mL静松灵

配图	操作项目	操作方法
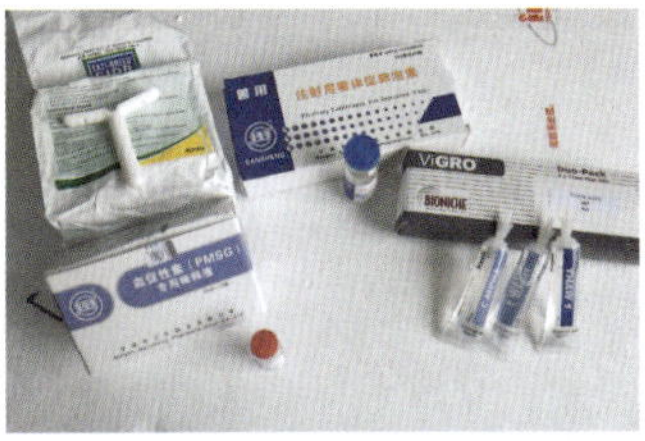	简易手术法移植	术部消毒后，拉紧皮肤，在后肢鼠蹊部切1.5～2cm切口，用一个手指伸进腹腔，摸到子宫角引导至切口外，确认排卵侧黄体发育状况，用钝形针头在黄体侧子宫角扎孔，将移植管顺子宫方向插入宫腔，推出胚胎，随即子宫复位。皮肤复位后即将腹壁切口覆盖，皮肤切口用碘酊、酒精消毒，一般不需缝合。若切口增大或覆盖不严密，应进行缝合
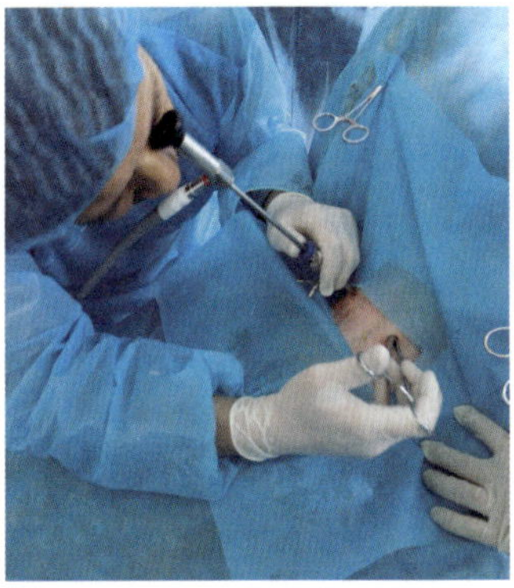	利用腹腔镜胚胎移植	在腹腔镜下寻找排卵测子宫角，然后用宫颈钳拉出体外进行胚胎移植

五、早期妊娠诊断

配图	诊断方法	诊断原理及过程
	表现征象的观察	母羊妊娠后，在孕酮的制约下，发情周期停止，不再表现发情征象。而且性情变得较为温顺，食欲增强，毛色光亮润泽
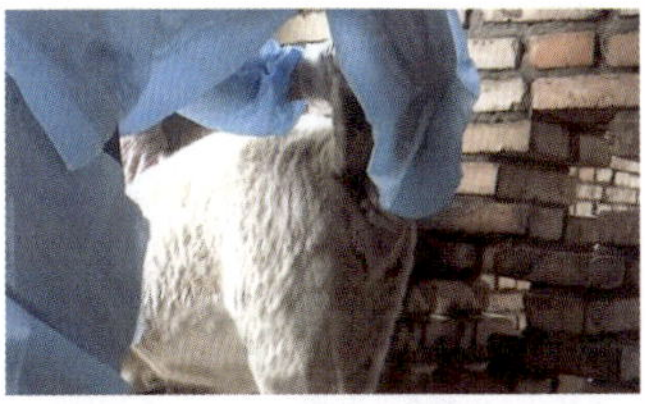	阴道检查法	利用开膣器进行阴道检查，观察黏膜的色泽、黏液性状及子宫颈口形状来进行妊娠诊断。母羊妊娠20天后，阴道黏膜由空怀时的淡粉红色变为苍白色，而空怀母羊黏膜始终为粉红色。妊娠母羊的阴道黏液呈透明状且量少浓稠，能在手指间拉成线
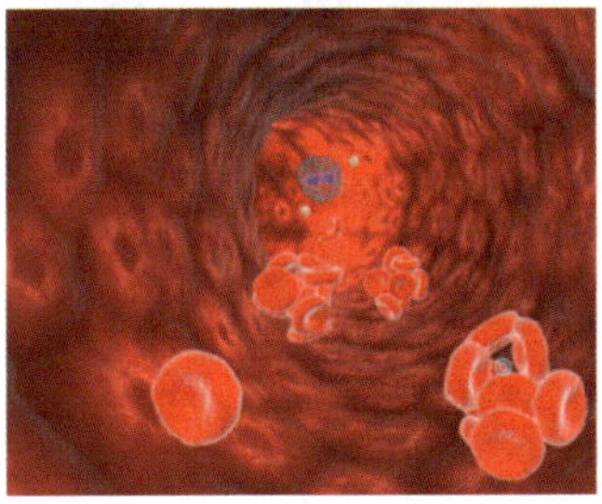	免疫学诊断	妊娠母羊的血液、组织中有特异性抗原，可用制备的抗原血清与母羊细胞进行血液凝集反应。若母羊已妊娠，则红细胞会出现凝集现象

配图	诊断方法	诊断原理及过程
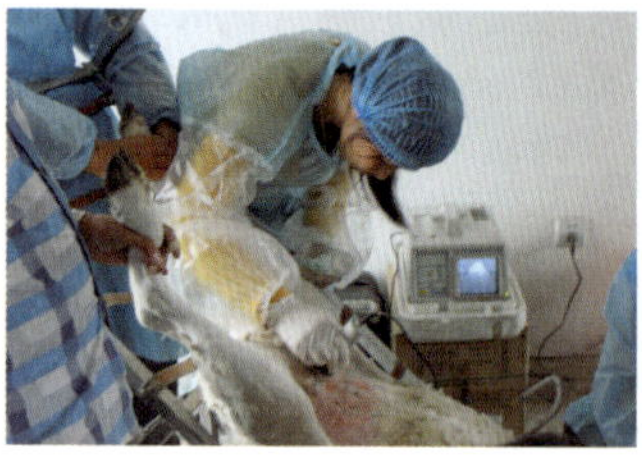	B超腹部探头检查法	将待查母羊保定后，在腹下乳房前被毛稀少处涂以凡士林或石蜡油等耦合剂，将超声波探测仪的探头对着骨盆入口方向探查
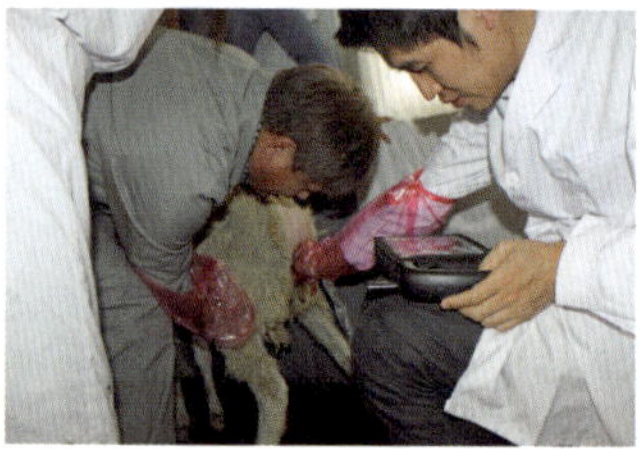	B超直肠探头检查法	将待查母羊保定后，将B超探头涂上凡士林或石蜡油等耦合剂，缓慢插入直肠进行检查

学业评价

“羊胚胎移植技术的应用”学业考核评价表

专业班级： 姓名： 考核时间：

<table>
<tr><th>评价方式</th><th colspan="2">考核内容</th><th>评分标准</th><th>配分</th><th>得分</th><th>备注</th></tr>
<tr><td rowspan="7">自我评价（15%）</td><td rowspan="7">必备知识</td><td>羊胚胎移植前的准备</td><td>熟悉胚胎移植羊的品种选择原则，计1分；掌握羊胚胎移植前的器械准备，计1分</td><td>2</td><td></td><td rowspan="7">通过学银在线进行自我评价</td></tr>
<tr><td>同期发情与超数排卵的控制</td><td>掌握同期发情控制方法，计1分；掌握超数排卵处理方法，计1分</td><td>2</td><td></td></tr>
<tr><td>羊的发情与配种</td><td>了解羊的发情鉴定方法，计1分；掌握羊的配种方法，计1分</td><td>2</td><td></td></tr>
<tr><td>胚胎的采集</td><td>掌握胚胎采集前的准备，计1分；熟悉采卵方法，计1分；掌握捡卵技巧，计1分；掌握捡卵方法，计1分</td><td>4</td><td></td></tr>
<tr><td>胚胎的质量鉴定与保存</td><td>熟悉胚胎的分级标准，计1分</td><td>1</td><td></td></tr>
<tr><td>胚胎的移植</td><td>了解胚胎的移植过程，计1分；熟悉受体羊术后饲养管理要点，计1分</td><td>2</td><td></td></tr>
<tr><td>早期妊娠诊断</td><td>了解预产期推算方法，计1分；熟悉早期妊娠诊断方法，计1分</td><td>2</td><td></td></tr>
</table>

续表

评价方式	考核内容		评分标准	配分	得分	备注
教师学业评价（50%）	任务实施	羊胚胎移植前的准备	会选择适合胚胎移植供体羊和受体羊的品种，计2分；将胚胎采集器械准备到位，计2分；将胚胎移植器械准备到位，计2分；超数排卵方案设计，计2分	8		按任务达成程度进行评价
		羊的发情与配种	通过观察，依据外部观察法、试情法和阴道检查法能进行羊的发情鉴定，计6分；能按规程设计羊的自然配种公母比例和人工授精技术操作流程，计6分	12		
		羊的胚胎采集与鉴定	设计采卵操作过程，计3分；设计捡卵操作过程，计3分；看图，能识别出正常胚胎，计5分；识别出异常胚胎，计5分	16		
		胚胎的移植操作	会进行移植液和受体羊的准备，计5分；能设计移植手术操作流程，计5分	10		
		早期妊娠诊断	会使用B超探测仪进行早期妊娠诊断，计4分	4		
学生互评（35%）	学习过程考核	课前	参加学习资源准备，计5分；完成预习任务，计5分；参与课前讨论，计5分	15		组间互评
		课中	严格遵守课堂纪律，计2分；有秩序地实施任务，并按时完成，计3分；积极参加问题探究，计2分；提出有意义的问题，计3分；完成小组分配的任务，计2分；在线抢答问题且答案正确，计3分	15		组间互评
		课后	能完成课后拓展任务，计3分；能将学习场所清洁到位，计2分	5		组间互评
总计				100		—

注：90分及以上为优秀等级；75～89分为良好等级；60～74分为合格等级；60分以下为不合格。

课后拓展

- 各学习小组通过查询资料，设计出适用肉用绵羊超数排卵的处理方案，由组长传至学银在线平台的作业栏中。

适用肉用绵羊超数排卵的处理方案

自测练习

1. 羊胚胎移植前要选择适合胚胎移植羊的品种，对受体羊群数量要求较________。
2. 羊的发情鉴定主要包括________、________和________三种方法。
3. 羊自然配种的公母比例为________：________。
4. 胚胎采集过程主要包括________操作和________操作。
5. 胚胎保存的主要方法有________、________、________和________。
6. 羊的早期妊娠诊断方法有________、________、________、________和________等。

任务四　接羔育幼技术操作

学习目标

知识目标

1. 了解产羔前的准备工作。
2. 掌握产羔母羊及初生羔羊护理技术要点。
3. 掌握初生羔羊的品质鉴定方法。
4. 了解羔羊断尾与去势的方法。
5. 掌握羔羊培育技术要点。

技能目标

1. 会进行初生羔羊的品质鉴定。
2. 能进行羔羊断尾操作。
3. 能按要求完成去势操作过程。
4. 能进行断奶鉴定。

素养目标

1. 学习接羔技术时，树立积极、认真、负责的工作态度，培养爱岗敬业精神。
2. 在观看羔羊饲养管理视频时，认识到爱心和耐心在工作中的重要性，懂得细节决定成败的道理。

任务描述

按预产期推算，本场17头妊娠母羊即将在近3天内陆续产羔，为了掌握产羔母羊护理、初生羔羊处理、提高羔羊成活率等方面实践技能，我们将按照如图3-8和图3-9所示的内容完成学习任务。

图3-8 “接羔育幼技术操作”实施环节

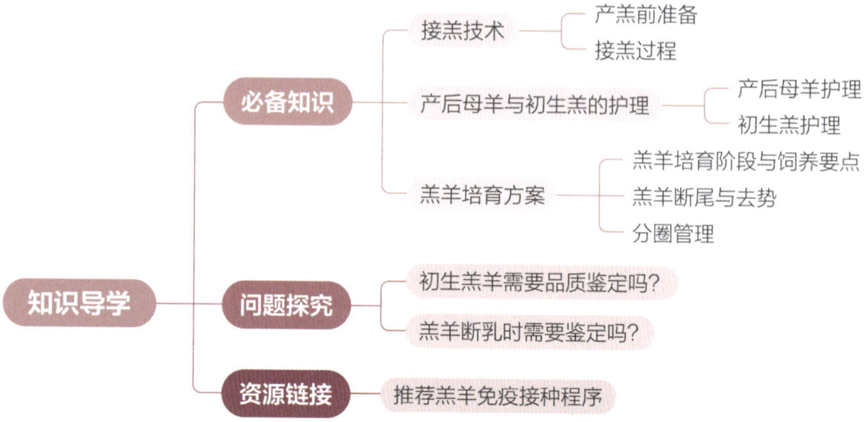

图3-9 "接羔育幼技术操作"知识思维导图

课前准备

一、学习资源准备

通过网络获取《畜禽标识和养殖档案管理办法》。

二、完成预习任务

1. 阅读学习相关资源，了解羊的消化生理特点。
2. 查阅羔羊的养育阶段。

羊的消化生理特点

三、完成课前讨论

1. 完成《学情分析表》(附录一)。
2. 在线提出预习中存在的问题，并进行相关讨论。

知识链接

一、必备知识

（一）接羔技术

1. 产羔前准备

羔羊在初生时对低温环境特别敏感，要求接羔棚舍的温度需10℃左右，要保持室内通风良好、光线充足、地面干燥。

产羔前1周左右，需对饲料架、饲槽、分娩栏等进行修理和清扫，地面和墙壁要用30～50g/L的氢氧化钠溶液或100～200g/L的氢氧化钙悬浊液进行彻底的消毒。

准备好饲草、饲料和药品器械准备，安排有经验的接羔人员并做好消毒准备工作。

2. 接羔过程

（1）母羊临产前征象　有配种记录的母羊，可以按配种日期以“月加五，日减三”的方法来推算预产期。在预产期来临前2～3天，要时刻注意观察母羊异常的行为表现和组织器官的变化，识别母羊临产前征象表现。

（2）产羔过程　产羔过程分产前准备阶段和胎儿产出阶段。

①产前准备阶段：以子宫颈的扩张和子宫肌肉有节律的收缩为主要特征。初期，子宫大约每15min发生一次收缩，每次持续约20s。由于是一阵一阵的收缩，故称为阵缩。在子宫阵缩的同时，母羊的腹壁也会发生收缩。在准备阶段，扩张的子宫颈和阴道成为一个连续管道。随着胎儿和尿囊绒毛膜进入骨盆入口，尿囊绒毛膜儿开始破裂，尿囊液流出阴门，即是“破水”。分娩准备时间可持续0.5～24h，平均为2～6h。

②胎儿产出阶段：羔羊头部通过骨盆出口的时候，一般母羊均会呈侧卧生产状态，四肢用力伸直，强烈地努责，大声哞叫，在羊膜破后几分钟至30min，羔羊即可产出。若是产双羔，先后产出时间的间隔为5～30min，但也偶有长达数小时的。若尿囊绒毛膜破后超过6h胎儿仍未产出，就要考虑胎儿产式不正常，若超过12h应按难产处理。

（3）难产的一般处理　在分娩时，经产母羊因胎儿个体较大或腹部过度下垂、身体衰弱、子宫收缩无力或产式不正常；初产母羊因骨盆狭窄，阴道过小，子宫扭转等均视为难产。发生难产时要及时助产，助产人员应剪短磨光指甲，消毒手臂，涂上润滑剂，根据实际情况采取相应处理方法。

（4）假死羔羊的处理　羔羊产出后，身体发育正常，心脏仍有跳动，但不呼吸，这种情况视为假死。接产人员要及时处理假死羔羊，对难产的母羊要采取急救措施。

（二）产后母羊与初生羔的护理

1. 产后母羊护理

母羊产羔后较平时虚弱，抗病力降低，需要精心护理和合理饲喂。

（1）对刚产羔后母羊的外阴部及其周围要用温水冲洗干净，并进行消毒。产房或围栏内被污染的垫草应及时更换，保持产羔棚清洁、温暖、安静，防止贼风侵入而患病。

（2）产后1h左右给母羊饮水，要求水温25～30℃，饮水量为1～1.5L/只，可加少许食盐、红糖和麦麸。母羊在产后1～7天应加强管理，3天之内喂给优质且易消化的饲料，减少精料喂量。若母羊膘情较好，产后3～5天不要喂精料，之后正常饲喂精料。1周内，母子合群饲养。

（3）羊分娩后，羔羊吃乳前，应剪去母羊乳房周围的长毛，并用温水洗涤乳房，擦干后，挤出少许乳汁，帮助羔羊吮吸初乳。母羊分娩后1h左右，胎衣即会自然排出并及时取走，防止被母羊吞食养成恶癖。若产后2～3h母羊胎衣仍未排出，要及时采取措施。注意母羊恶露排出的情况，一般在产后4～6天排净恶露。若排不干净，要请兽医诊治。

（4）检查母羊的乳房有无异常或硬块，为避免引起乳房炎发生，在母羊产羔后3天内，要稍减饲喂量，尽量不喂精料。

2. 初生羔护理

初生羔羊体质较弱，适应能力差，抵抗力低，容易患病。因此要加强护理，保证成活及正常生长发育。

（1）给羔羊充足的营养　羔羊出生后，一般十几分钟才能站起并寻找母羊乳头。第一次哺乳应在接产人员辅助下进行，使羔羊尽早吃到初乳，必要时强制授乳。如果一胎多羔，应让每只羔羊均吃到初乳。在哺乳期，羔羊发育很快，若母乳不足、一胎多羔、产羔母羊死亡或母羊有病无乳时，应及时饲喂代乳料或寻找“保姆羊”代乳。由于保姆羊嗅觉灵敏，应预先将母羊胎液或羊乳涂在待哺羔羊的身上，使它难以辨认。

（2）注意防寒保暖　哺乳期羔羊体温调节机能尚不完善，羔羊舍要保持温暖。羔羊易受外界温度变化的影响，特别是生后几小时内更为明显。由于羔羊肠道的适应性较差，各种辅助消化酶也不健全，因此，受寒后易引起消化不良和腹泻。在高寒地区产羔后应给羔羊带上护腹带。

（3）羔羊尽早运动　羔羊应尽早放牧或多运动，增强其体质。根据室外气温情况，在初生羔饲养至5～7天时，将羔羊赶到日光充足的地方自由活动，3周后可随母羊放牧，开始走近些，选择平坦、背风向阳的草地放牧。30日龄后，羔羊可编群游牧，回避低湿松软地放牧。放牧时，不断训练羔羊听从口令，建立良好的条件反射，并保持口令不变。

（4）精心护理病羔　每天早、中、晚各对病羔进行1次检查，若发现问题及时处理。羔羊痢疾多发生在产羔开始10天后，原因多为棚圈污染严重所致。此情况要认真做好脐带消毒，哺乳和清洁用具的消毒，病情严重时要隔离饲养，死羔和胎衣要集中处理。对于体弱腹泻羔羊，要做好保温工作；患肺炎的羔羊，棚舍不宜太热；积食的羔羊，不宜多吃乳；产后24h仍不见胎粪排出，应采取灌肠措施；胎粪黏稠，堵塞肛门，造成排粪困难，应及时擦拭干净。

（5）及时给羔羊编号　为了便于管理，对留作种用的羔羊通过佩戴金属耳标进行编号。耳标有圆形和长方形两种，多为铝合金制品，上面用字钉打上号码即可。也可以对羔羊进行临时编号，适用于1周左右从产羔室转向一般羊舍时使用，转出前在母羊和羔羊体侧部打上同一个号码，称为临时号，便于查找核实母子关系，以利于生产管理及后续登记。

（6）羔羊早期补饲　羔羊出生10天后，开始训练采食，提早补饲有助于羔羊的生长发育和提早断乳。

（三）羔羊培育方案

1. 羔羊培育阶段与饲养要点

羔羊的培育是指羔羊断乳（4月龄）前的饲养管理。羔羊培育分为出生前培育和出生后培育两个阶段。

（1）出生前培育　羔羊在胚胎期的营养全部来自母羊，只有给妊娠母羊提供充足的营养，创造优良的环境，进行精心的管理才能产出各方面都良好的胎儿，羔羊的成活率才能高。妊娠前期胎儿形成各种组织器官，对各种营养物质的需要量不大，全价的营养即能保证各组织器官发育正常。在妊娠后期，胎儿快速发育，需足量供给精料、优质青干草、多汁饲料和矿物质饲料。还要根据妊娠母羊实际的体况、膘情来调整日粮配方，为其胎儿生长发育及产后泌乳贮存必备的营养物质。

（2）出生后培育　羔羊出生后应尽早吃足初乳，并继续保持母羊良好的营养状况，使其有足够的乳汁哺育羔羊。其次，要增强羔羊体质。随着羔羊日龄的增长，羔羊应尽早运动。舍饲条件下，10日龄羔羊可在运动场内自由活动，放牧情况下，10日龄羔羊可随母羊放牧，开始时应距离羊舍近一些，以后逐渐增加放牧距离。为了保证羔羊的正常营养，最好留出一些离羊舍较近的优质牧地。再次，要适时补饲。一般在羔羊出生后7天就要进行早期的诱食，选择优质的青绿饲料和青干草，放置在运动场内的草架上训练羔羊采食，以使羔羊熟悉除母乳以外的饲料；初期，每只羔羊每天可补饲混合饲料10～50g，待羔羊习惯后，逐渐增加补喂量，一般2周龄至1月龄为50～80g，2月龄为100～120g，3～4月龄为250～300g。补喂的青粗饲料可任其自由采食。补饲的日粮最好按羔羊的体重和日增重需要进行配合与供给。最后，加强管理，保证羔羊顺利断乳。羔羊出生后要保温防暑，称测体重，进行编号、去角和断尾等。1月龄左右对不符合种用条件的羔羊进行去势，对发病的羔羊进行分栏饲养与单独治疗，要定期对羊舍进行消毒，定期进行预防接种，对可预见的疾病做好投药预防工作。

2. 羔羊断尾与去势

（1）羔羊断尾　需要断尾的品种主要是纯种细毛羊、半细毛羊及其杂种羊等长瘦尾型的绵羊。

①断尾时间：羔羊应在出生后10天内断尾，身体瘦弱的羊或遇天气寒冷时，可适当推迟。断尾最好选择在晴天的早晨进行，以便全天观察和护理羊只。

②断尾方法：有结扎法、热断法和快刀法三种。其中，结扎法用弹性较好的橡皮筋，套在羔羊第3～4尾椎之间，紧紧勒住，断绝血液流通，约过10天，其下段能自行脱落。这种方法安全方便，但是所需时间较长。热断法（烧烙法）需一特制的断尾铲（厚度0.5cm，宽度7cm，高10cm）和两块20cm见方（厚35cm）的木板，在一块木板下方挖一个半月形

的缺口，木板的两面钉上铁皮。一块为挡板，另一块为垫板。操作时一人把羊固定好，两手分别握住羔羊的四肢，把羔羊的背贴在保定人的胸前，让羔羊蹲坐在木板上。操作者用带有半月形缺口的木板，在尾部第3～4尾椎间，把尾巴紧紧地压住，并用烧至暗红的断尾铲将尾切断。下切的速度不宜过快，用力要均匀，使断口组织在切断时受到烧烙，起到消毒和止血的作用，最后用碘酒消毒。快刀法先用细绳捆紧尾根，断绝血液流通。然后用快刀离尾根4～5cm处切断，伤口用纱布、棉花包扎，以免引起感染或冻伤。当天下午将尾根部的细绳解开，使血液流通，一般经7～10天，伤口就会痊愈。

羔羊断尾后，要注意观察，如果发现流血，应再次进行烧烙或其他止血处理。

（2）羔羊去势　去势也称阉割，去势后的羊称为羯羊。凡不宜作种用的公羔都要进行去势，羊去势后性情温顺、安静，有利于育肥和饲养管理；能减少羊肉膻味（仅针对6月龄以上的羊），提高肉的品质；还能节省饲料。

①去势时间：最佳去势时间一般是在公羔出生后1～2周，如遇天冷或体弱的羔羊，可以适当延迟，多在春、秋两季气候凉爽、晴朗的时候进行。去势和断尾可同时进行。

②去势方法：有手术法、结扎法和去势钳法。其中，手术法用阉割刀或手术刀切开阴囊，摘除睾丸和精索。具体操作方法是将羊保定后，用碘酒和酒精对术部消毒，术者左手紧握阴囊的上端，将睾丸压迫到阴囊的底部，右手用刀在阴囊的下端与阴囊中隔平行的位置切开，切口大小以能挤出睾丸为度。睾丸挤出后，将阴囊皮肤向上推，暴露精索，将其剪断或拧断即可。在精索断端涂以碘酒消毒，在阴囊皮肤切口处撒上少量消炎粉。采用结扎法操作时，术者左手握紧阴囊基部，右手撑开橡皮筋将阴囊套入，反复扎紧，以阻断下部的血液流通。经15天左右，阴囊连同睾丸自然脱落。在结扎后，要注意检查，防止结扎效果不好或结扎部位感染发炎。去势钳法指用特制的去势钳子，在阴囊上部用力夹紧，将精索夹断。睾丸逐步萎缩。此法因不切伤口，无失血和被感染的危险。但无经验者，往往没有把精索夹断而达不到去势的目的。

去势的最初几天，要常检查伤口，如遇红肿感染现象，要及时处理。同时要注意去势羔羊的环境卫生，保持垫草清洁，防止伤口感染。

3. 分圈管理

分圈式管理便于羊场人员的精细化操作，能够提升羊场生产技术指标，符合不同生长阶段羊的营养需求和精细化管理要求。例如，某羊场制订的精细化分圈方案如下。

（1）产圈　出生7天以内的羔羊和母羊一圈，一般5只产羔母羊为一群，如果有条件单独圈养较好。

（2）哺乳圈　7天到断乳的羔羊和母羊在一起，可将产羔母羊10组并为一小群，每只哺乳带羔母羊需要占地面积3m^2。

（3）断乳圈　体重为15～30kg的断乳公、母羔羊放在一起，30～50只为一小群。

（4）育肥圈　30～50kg出栏的公羔，30只左右为一小群。育肥羊前期每只占地面积为0.6～0.8m^2，后期0.8～1.2m^2。

（5）母羔圈　30kg至配种前的母羔，30只为一小群。

（6）断乳母羊和妊娠前期母羊圈　每30只为一小群。妊娠后期母羊，每20只为一群。

（7）调理圈　将病羊、弱羊、瘦羊放在调理圈中饲养，数量呈动态化，可随时调整饲养密度。

（8）种公羊圈　每只种公羊单独一圈，每只占地面积3m^2。

二、问题探究

1. 初生羔羊需要品质鉴定吗？
2. 羔羊断乳时需要鉴定吗？

三、资源链接

推荐羔羊免疫接种程序

任务实施

规避风险提示

要掌握难产处理的正确方法。

一、接羔过程

配图	操作环节	操作过程
	产羔前的准备	接羔棚舍的准备：接羔棚舍的温度需10℃左右，要保持室内通风良好、光线充足、地面干燥。在接羔棚附近，应安排一暖室，用于初生弱羔和急救羔羊之需。接羔棚舍内可分大、小两处，大的一处放母子群，小的一处为待产母羊群
		饲草、饲料的准备：青干草、优质的秸秆、多汁饲料和适量的精料

<table>
<tr><th>配图</th><th colspan="2">操作环节</th><th>操作过程</th></tr>
<tr><td>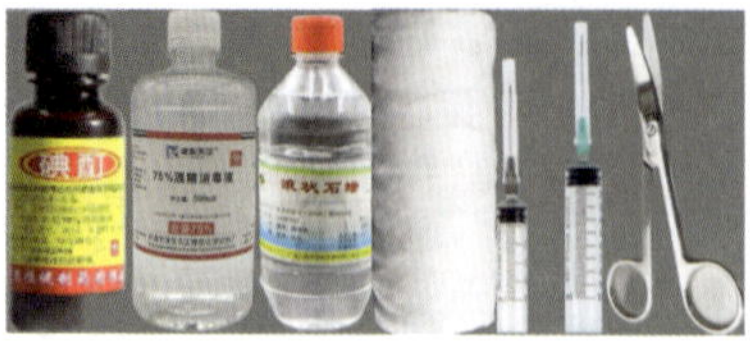</td><td colspan="2" rowspan="3">产羔前的准备</td><td>药品器械准备：煤酚皂溶液、酒精、碘酊等。消毒药品：强心剂、镇静剂、垂体后叶素、液体石蜡等接产药品；消毒纱布、脱脂棉、注射器、温度计、剪刀、秤等接产用品</td></tr>
<tr><td>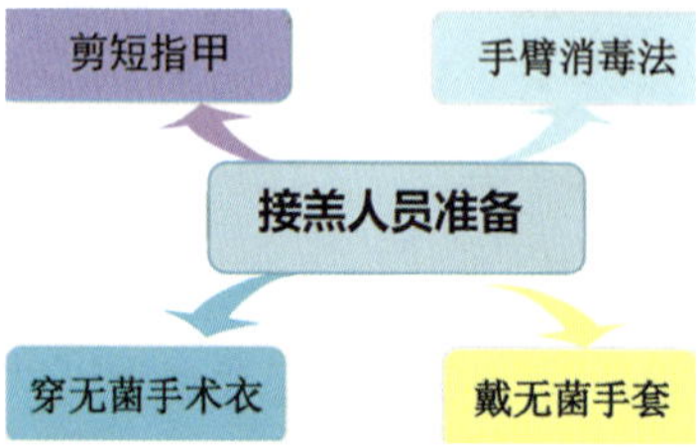</td><td>接羔人员的准备：根据羊群分娩头数确定接羔人员数量，依据接羔人员的专业水平和实践经验确定培训时间和培训内容。按接羔护羔的工作需要，安排好负责人和饲养人员的分工，接羔人员要预先剪短指甲、进行手臂消毒、穿无菌手术衣、戴无菌手套</td></tr>
<tr><td>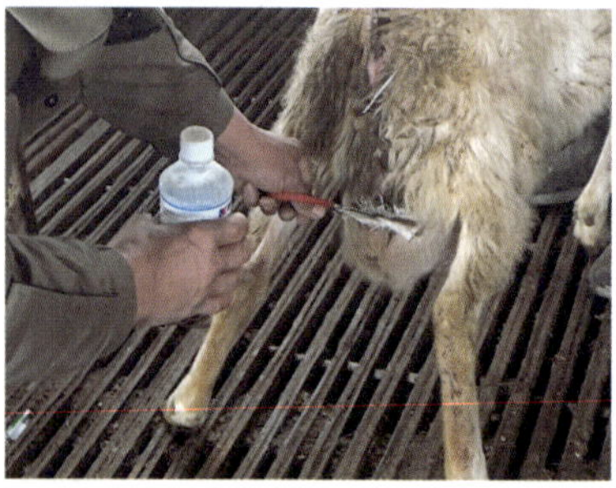</td><td>母羊乳房和外阴部清洗与消毒：剪净乳房周围和后肢内侧的被毛，用温水擦洗乳房，并挤出少许初乳。然后清洗母羊的外阴部，并用10g/L的煤酚皂溶液消毒</td></tr>
<tr><td></td><td rowspan="2">接羔步骤</td><td>母羊临产前征象</td><td>临产母羊乳房开始胀大，乳头直立，轻轻用力就能挤出黄色的乳汁；阴门红肿且不紧闭，不时地有浓稠黏液流出；骨盆韧带变得柔软松弛。能观察到肷窝明显塌陷</td></tr>
<tr><td>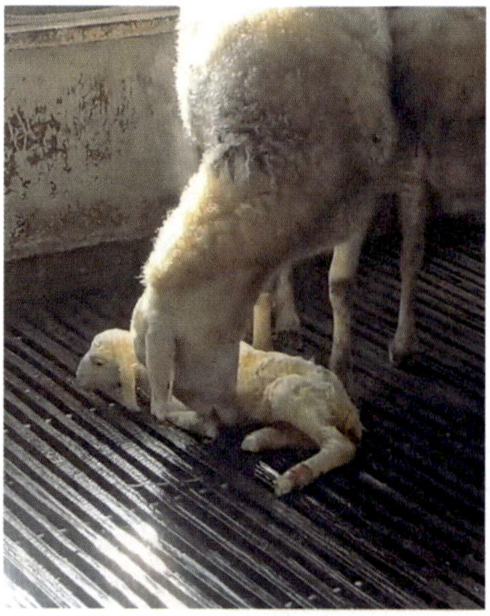</td><td>产羔过程</td><td>当胎儿两前肢及头部产出时，接产人员手掌在母羊腹部前侧适力颠举，一般情况下母羊能自行分娩</td></tr>
</table>

配图	操作环节		操作过程
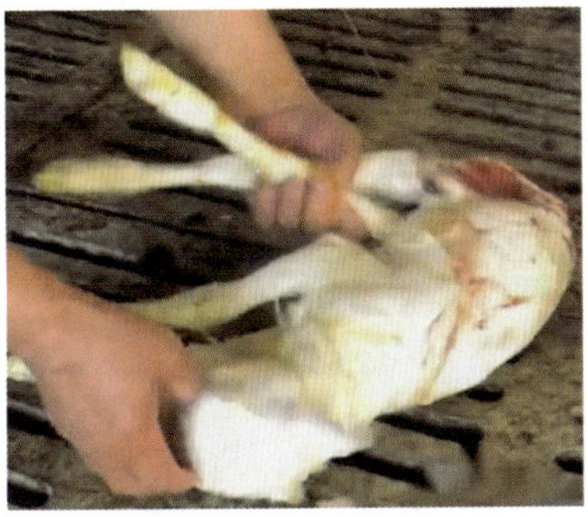	接羔步骤	助产与难产处理	助产方法：助产人员待羔羊头部露出后，一手托住头部、另一只手握住前肢，随母羊的努责向后下方拉出胎儿。 假死急救：提起羔羊两后肢，使羔羊悬空同时拍及其背、胸部，直到发出叫声；或将羔羊平卧，两手有节律的推压羔羊胸部两侧使其复苏。若因受凉而造成假死的羔羊，立即移入暖室进行温水浴，水温由38℃逐渐升到45℃。水浴时将羔羊头部露出水面严防呛水，并进行腰部按摩。浸浴时间在20～30min，羔羊即可复苏
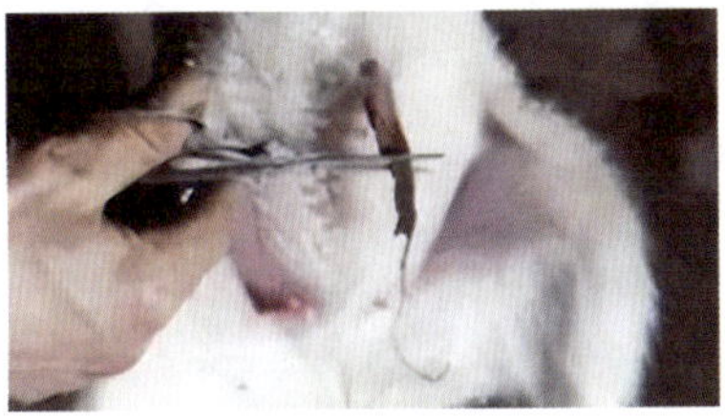		羔羊产后处理	皮肤黏液处理：羔羊产出后，用手先将其口腔、鼻腔里中的黏液掏出擦净；羔羊身上的黏液，引诱母羊舔净或用干毛巾迅速将羔羊全身擦干。 脐带处理：正常产出时脐带已被扯断，接羔人员及时用5%的碘酊消毒断端即可。人工助产需要人为断脐，方法是把脐带中的血向羔羊脐部顺捋几下，距羔羊腹部3～4cm处扯断脐带并进行消毒

二、初生羔的护理

配图	护理要点	护理方法
	“三防”	防冻：建保温隔热产羔羊舍，在高寒地区，天冷时还应给羔羊戴上护腹带。若羔羊产在牧地上，吃完初乳后用接羔袋背回
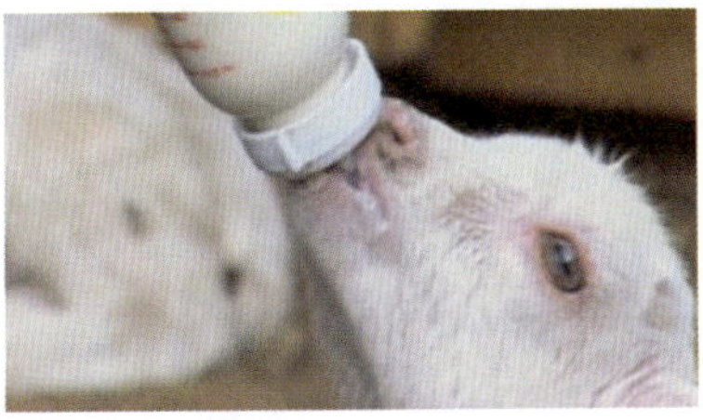		防饿：初生羔羊应在0.5h内食足初乳（母羊产后1～3天所分泌的乳），体弱羔羊与多羔羊中的母羔羊人为辅助优先食足初乳
		防病：初生羔羊易患瘫痪和腹泻疾病，需要预先给母羊补钙，对产圈进行消毒，并保证适宜的温湿度条件

配图	护理要点	护理方法
	“五勤”	勤检查：每天多次检查舍内温度、湿度、通风及饲养密度，观察羔羊的精神状态、采食饮水情况及粪便形态和颜色，发现问题及时解决
		勤饲喂：在尽早吃上初乳后，再补好常乳，少喂勤添。待羔羊出生10天后，开始训练采食幼嫩的青干草，20天时开始补饲含蛋白质18%~20%的精料，并加入1%食盐和骨粉以及铜、铁等微量元素添加剂，饲料搭配要多样，并逐渐减少哺乳次数，促进羔羊提早断乳
		勤消毒：应认真作好哺乳和清洁用具的消毒，人员消毒。羔羊初次食乳前，使用温水配制浓度1%高锰酸钾溶液清洗母羊乳房与外阴
		勤运动：母仔在晴暖天气到户外活动，3周后可随母羊放牧
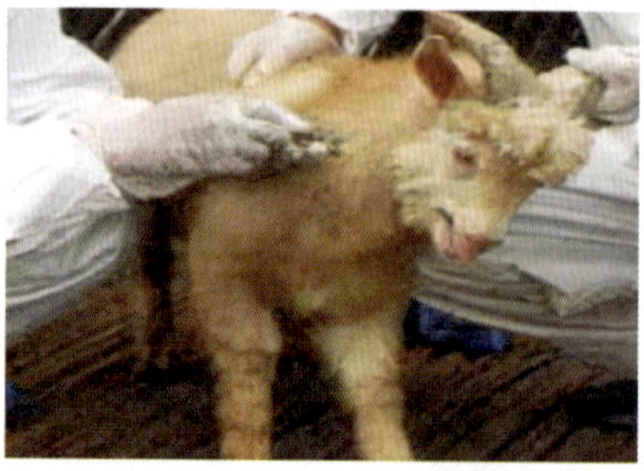		勤治疗：产出24h后不见胎粪排出，应采取灌肠措施并及时擦拭肛门保持清洁；产羔10天后羔羊痢病易多发，投药预防并加强棚圈消毒；患肺炎羔羊舍温不宜太高并及时治疗；积乳羔羊不宜多吃乳

三、羔羊培育方案设计

（一）饲喂管理方案设计

1. 0~6天饲喂管理方案

（1）消毒　羔羊初次食乳前，使用温水配制10g/L高锰酸钾溶液清洗母羊乳房与外阴。

（2）称重服药　待羔羊体毛干后称重，同时每只羔羊灌服20%长效土霉素0.5~1mL。

（3）诱导母羊舔羔　将羔羊放在母羊乳房前侧，挤出几滴初乳涂抹在羔羊头部、后背和母羊乳头周围，诱导母羊舔舐羔羊。

（4）食足初乳　初生羔羊应在0.5h内食足初乳，体弱羔羊与多羔羊中的母羔羊宜优先食足初乳。

（5）储备初乳　将健康母羊多余初乳收集，贮存备用。

2. 7~10天饲喂管理方案

（1）补饲时间　羔羊生后10天开始进行补饲。

（2）补饲间设置　使用隔栏将母羊圈舍与补饲间分隔，补饲间可直接连通外运动场，隔栏下端焊制为高50cm、宽10cm的竖栏，方便羔羊自由出入。

（3）补饲槽设置　补饲间内设置补饲槽，每只羔羊槽位长度不少于15cm。

（4）补饲料选择　选择糖蜜舔砖和可食干树叶等优质纤维饲料放置在补饲槽内。

（5）诱食方式　使用母羊乳汁诱引羔羊到补饲槽前。

3. 11~20天饲喂管理方案

（1）预饲期　11天开始投喂开口料和细胡萝卜丝，开口料初始日添加量为20g，与可食干树叶交替饲喂，可在饲喂料上撒少许羔羊代乳粉诱导羔羊采食。

（2）正式补料期　16天开始饲喂开口料，每日不少于4次，每次不少于1h，初始日添加量为50g，日添加量逐渐增至150g。每日饲喂后将料槽清扫干净，舍内设置盐槽，备足干净的炒盐，羔羊自由采食，设置饮水槽，水温保持在15~25℃，羔羊自由饮水。

4. 21~30天饲喂管理方案

（1）添加青贮　21天开始可增喂优质青贮，初始日添加量为100g，以后每日增加50g，最终日添加量为600g。

（2）添加饲料添加剂　增喂优质青贮的同时，可添加使用微生态制剂和小苏打，微生态制剂按说明书添加，小苏打每日加量3~5g。

5. 31~60天饲喂管理方案

（1）断乳

①减料换料：母羊精料量由每日600g减少至每日400g，增喂粗纤维饲草，降低母羊泌乳量。

②缩短共栏时间：31～42天每日摄取母乳2次，43～60天每日摄取母乳1次，每次母子共栏时间缩短至1h，可按照说明书添加使用补饲代乳粉。

③添加剂使用：57天开始在饮水中添加黄芪多糖、电解质和多种维生素，羔羊精料中添加1%健脾胃中兽药制剂。断乳方式为60天开始断乳，采取一次性断乳，羔羊留在原舍，母羊远离。

（2）断尾

①尾型：长瘦尾型绵羊羔羊及与其杂交羊进行断尾，其他短脂尾羊不宜断尾。

②天气：选择晴天早晨进行。

③时间：7～10天进行断尾，初生体重超过5kg的单产公羔4～7天断尾，体弱羔羊宜推迟至15天进行断尾。

④部位：长瘦尾型绵羊公羔羊在第2～3尾椎处断尾，长瘦尾型绵羊母羔羊在第3～4尾椎处断尾，其杂交羔羊在第4～5尾椎处断尾。

⑤方法：保持羔羊空腹状态，将羔羊尾部外表皮肤向尾根部撸起，使用断尾专用胶圈套牢断尾关节处。断尾后羔羊要保证食足乳，羔羊体弱、母羊保姆性不强的，可母子单圈饲养7天。

⑥消毒：断尾前使用常规消毒液喷洒带羊消毒，使用苯扎溴铵溶液将断尾专用胶圈浸泡消毒。断尾时使用5%碘酊消毒断尾处，使用75%酒精脱碘后进行操作。羔羊断尾7～10天后断端自然脱落，伤口未愈合处使用双氧水消毒处理。

（3）戴耳标

①挂耳标：初生羔羊挂临时耳标，将耳标牌系于羔羊脖子上，松紧度适中。

②打耳标：羔羊7～10天进行打耳标，可与断尾同时进行。具体方法（条形耳标）一羔一标，使用前用30g/L苯扎溴铵溶液浸泡消毒0.5h，耳标编码可由场号、羔羊出生年份和个体编号组成，字符数不宜超过8位，编码具有唯一性。耳标位置选择在左耳部靠近头一侧五分之二处，避开耳部大血管，耳标标号面向上。

（4）日常管理

①日常消毒：定期对羊舍、器具及其周围环境进行消毒，消毒方法和消毒药物的使用等按NY/T 1168—2006《畜禽粪便无害化处理技术规范》执行，病死羊按照《病死畜禽和病害畜禽产品无害化处理管理办法》规定执行。

②档案记录：按照《畜禽标识和养殖档案管理办法》规定的记录要求，建立养殖档案，养殖档案包括：畜禽品种、数量、繁殖记录、标识情况、来源、进出场日期、免疫记录、饲料及饲料添加剂等投入品和兽药采购使用记录、消毒记录、废弃物处理记录。

（二）免疫接种程序设计

防疫与免疫接种符合NY 5149—2022《无公害食品　肉羊饲养兽医防疫准则》要求，同时结合当地疫病流行情况和本场实际情况，有选择性进行疫病预防与免疫接种。选择适宜的疫苗、免疫程序和免疫方法进行免疫接种。

学业评价

“接羔育幼技术操作”学业考核评价表

专业班级：　　　　　　姓名：　　　　　　考核时间：

评价方式	考核内容		评分标准	配分	得分	备注
自我评价（15%）	必备知识	接羔技术	了解产羔前的各项准备工作，计2分；熟悉接羔过程，计3分	5		通过学银在线进行自我评价
		产后母羊与初生羔的护理	掌握产后母羊护理知识，计2分；掌握初生羔护理知识，计2分	4		
		羔羊培育方案	掌握羔羊出生前后的培育，计2分；熟悉羔羊断尾和去势方法，计2分；掌握分圈管理方法，计2分	6		
教师学业评价（50%）	任务实施	接羔过程	会进行产羔前棚舍、饲草饲料、药品器械及接产人员准备，计8分；会进行母羊乳房和外阴部清洗与消毒，计2分；能观察到母羊临产前征象，计2分；能参与产羔过程操作，计2分；会进行助产，计2分；会擦拭初生羔羊身上黏液，计2分；会进行脐带消毒处理，计2分	20		按任务达成程度进行评价
		初生羔的护理	会进行初生羔产后“三防”，计10分；能做好“五勤”工作，计10分	20		
		羔羊培育方案设计	会设计羔羊饲喂管理方案，计5分；会设计羔羊免疫接种程序，计5分	10		
学生互评（35%）	学习过程考核	课前	参加学习资源准备，计5分；完成预习任务，计5分；参与课前讨论，计5分	15		组间互评
		课中	严格遵守课堂纪律，计2分；有秩序地实施任务，并按时完成，计3分；积极参加问题探究，计2分；提出有意义的问题，计3分；完成小组分配的任务，计2分；在线抢答问题且答案正确，计3分	15		组间互评
		课后	能完成课后拓展任务，计3分；能将学习场所清扫清洁到位，计2分	5		组间互评
总计				100		—

注：90分及以上为优秀等级；75～89分为良好等级；60～74分为合格等级；60分以下为不合格。

课后拓展

- 总结分圈管理的方法和优势，并传至学银在线平台的作业栏中。

自测练习

1. 初生羔护理的“三防”是指________、________和________。
2. 初生羔护理的“五勤”是指________、________、________、________和________。
3. 接羔人员需要做好________、________、________和________等方面准备工作。

任务五 按规程进行羊的饲养管理操作

学习目标

知识目标

1. 熟悉毛用羊饲养要点。
2. 掌握母羊妊娠期间的保胎防流措施。
3. 掌握药浴的时间和方法。
4. 掌握剪毛的次数和方法。
5. 掌握肉用羊生产技术。
6. 掌握奶山羊和绒山羊的饲养管理要点。

技能目标

1. 会进行局部剪毛过程操作。
2. 会进行羊体外驱虫的药液配制。
3. 能进行绒山羊的抓绒过程操作。

素养目标

1. 在练习绵羊剪毛方法时，培养严谨认真、精益求精的工匠精神。
2. 在学习肉用羊育肥时，了解肉羊生产的经济效益，培养经营管理能力。
3. 在学习山羊生活习性时，了解山羊放牧后对草原或草地的不良影响，树立绿水青山就是金山银山的理念。

任务描述

发展养羊业不仅能改善人民生活，满足人民对羊肉及其产品日益增长的需要，而且还是建设社会主义新农村新的经济增长点，是乡村振兴的支柱产业。因此按规程进行羊的饲养管理操作十分重要。我们将按照如图3-10和图3-11所示的内容完成学习任务。

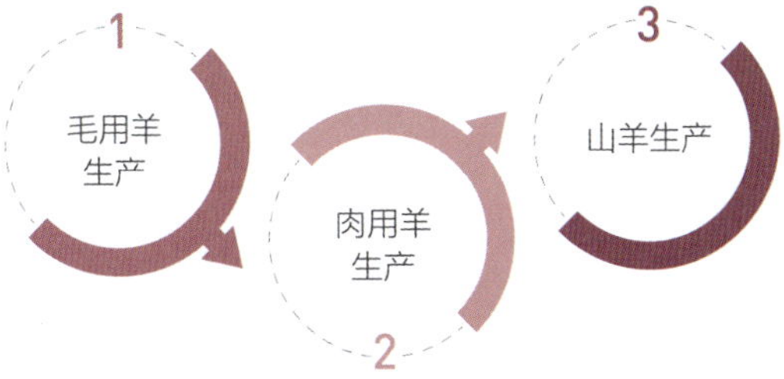

图3-10 “按规程进行羊的饲养管理操作”实施环节

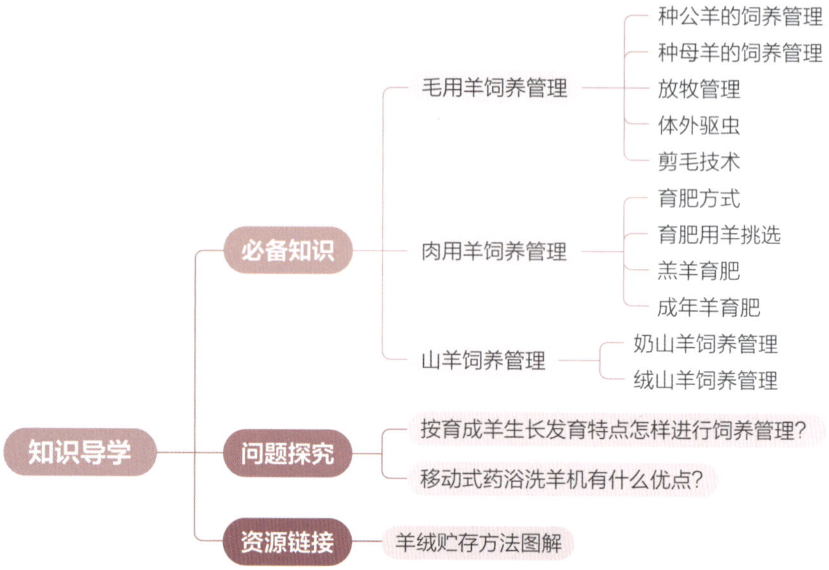

图3-11 “按规程进行羊的饲养管理操作”知识思维导图

课前准备

一、学习资源准备

通过网络获取NY/T 1167—2006《畜禽场环境质量及卫生控制规范》、NY 5149—2002《无公害食品 肉羊饲养兽医防疫准则》、NY/T 5151—2002《无公害食品 肉羊饲养管理准则》。

二、完成预习任务

1. 阅读学习相关资源，了解羊毛的理化特性。
2. 查阅山羊的主要生活习性。

羊毛的理化特性

山羊的主要生活习性

三、完成课前讨论

1. 完成《学情分析表》(附录一)。
2. 在线提出预习中存在的问题，并进行相关讨论。

知识链接

一、必备知识

（一）毛用羊饲养管理

1. 种公羊的饲养管理

种公羊饲养好坏对羊群品质、外形、生产性能和繁育关系密切。

（1）种公羊配种前期的饲养管理　在配种前1.5～2个月是种公羊的配种预备期。每天的饲喂量要达到配种期的60%～70%。在临近配种期时，每天的喂料量要达到配种期的水平。

（2）种公羊配种期的饲养管理　对1.5岁左右的种公羊每天采精1～2次为宜，不要连续采精；成年公羊每天可采精3～4次，有时可达5～6次，每次采精应有1～2h的间隔时间。

（3）种公羊非配种期的饲养管理　在配种刚结束的1～2个月内，种公羊的日粮应与配种期基本一致，需增加优质青干草或青绿多汁饲料的比例。并根据体况的恢复情况，逐渐转为饲喂非配种期的日粮，并增加放牧时间。

2. 种母羊的饲养管理

繁殖母羊的饲养管理可划分为空怀期、妊娠前期（妊娠期前3个月）、妊娠后期（妊娠期后2个月）、哺乳前期（哺乳期前2个月）和哺乳后期（哺乳期后1～2个月）。

（1）空怀期母羊的饲养管理　指从羔羊断乳到母羊再次配种前的时期，大约3个月。每只羊每日补饲0.2～0.3kg的混合精料，对少数体况很差的母羊，每天可单独补喂0.3～0.5kg混合精料。

（2）妊娠期母羊的饲养管理　母羊妊娠期约5个月，前3个月为妊娠前期，后2个月为妊娠后期。

对妊娠后期的母羊，除放牧外，每天应补饲野干草0.5～1kg，青贮料1kg，精料0.5～1kg，精料参考配方为玉米52%，豆饼25%，糠麸18%，食盐、石粉、骨粉、小苏打、预混料各1%。

（3）哺乳期母羊的饲养管理　哺乳期一般为3～4个月。分为哺乳前期和哺乳后期。

哺乳期前1.5个月视为哺乳前期，产羔后，母羊应饮些温盐水或在温盐水中加一些麸皮，以调节消化机能，促进恶露的排出。产羔后3天内母羊只能喂一些优质干草，不要饲喂精料和多汁料，以免造成消化不良或乳房炎，3天之后可饲喂少量的混合精料和多汁料，逐渐达到哺乳期的饲喂量。产羔后1～1.5个月，母羊泌乳量达到高峰，每日每天供给野干草1.5kg，青贮料1kg，胡萝卜0.5kg，混合精料1～1.5kg（例如玉米52%，麸子18%，豆饼25%，盐、小苏打、石粉、骨粉、预混料各1%）。

哺乳后期饲养：哺乳期后1.5～2个月为哺乳后期，日粮粗蛋白水平逐步降低至13%～14%，同时可增加饲料维生素添加量，换喂富硒舔块，每只每天供给野干草1～1.5kg，青贮料1kg，胡萝卜0.5kg，混合精料0.5～1kg。

3. 放牧管理

羊的四肢肌肉发达，善于游走，合群性，特别适合放牧饲养。应根据不同的季节，气候、牧草资源，进行合理的放牧饲养。

（1）放牧羊群的组织　育成母羊每群200～250只，农区羊群放牧每群30～50只。

（2）放牧方式　有固定放牧、围栏放牧、季节轮牧和划区轮牧等方式。

（3）羊群放牧队形　多以“一条鞭”队形和“满天星”队形为主。

4. 体外驱虫

体外驱虫一般采用药浴法。药浴就是用配好的药液洗浴羊只，药浴能防治绵羊体外寄生虫，特别是疥癣和扁虱。绵羊剪毛后都必须进行一次药浴。

（1）药液配制　绵羊药液种类较多，其中，石硫合剂用于绵羊药浴既安全有效又廉价，它能通过渗透和侵蚀病菌、寄生虫体壁来杀死病菌、寄生虫及虫卵，既是杀菌剂又是杀虫、杀螨剂。

（2）药浴时间　最好是剪毛后7～10天进行，第一次药浴后，隔8～14天再药浴一次。

（3）药浴方法　盆浴、淋浴、池浴和移动式药浴洗羊机等多种方法。

（4）药浴注意事项　药浴时间选择晴朗无风之日的上午；药浴前对羊进行检查，病羊、身上有伤及妊娠2个月以上的羊不能药浴；药浴前8h停止喂料，入浴前2h给羊饮足水，以免羊入浴池后吞饮药液；工作人员应戴口罩和乳胶手套，做好自身防护，防止中毒；药浴的顺序是先让健康羊药浴，有疥癣病的羊最后药浴。牧羊犬也应同时进行药浴。公羊、母羊和体重较大的羔羊要分别入浴，以免相互碰撞而发生意外；药浴后不要当天放牧，过6～8h方可饲喂。可以把羊赶入棚舍或庇荫之处休息，严防日光直射引起中毒及冷风吹袭感冒；药浴当晚，应安排人员值班观察羊群，有时因羔羊被毛较长，药液在毛丛中存留时间长，药浴后2～3天可能会发生中毒现象；或某只体弱羊或在药浴时间略长的羊也会出现轻微中毒可能。一旦个别羊出现中毒症状，立即救治。为防止羊中毒，大群羊药浴前，先用体质较差的2～3只羊进行试浴，确定药液安全后，再按计划组织药浴；哺乳母羊在药浴后2h内不得母仔合群，防止羔羊哺乳时中毒；药浴过程中，工作人员应随时捞除池内粪便污物，保持药液清洁。药浴结束后，不能随意倾倒药液，应妥善处理（深埋为主），以防动物误食中毒。

5. 剪毛技术

剪毛是毛用羊生产的重要环节，广泛应用于绵羊生产中。细毛羊、半细毛羊每年在5—6月只剪一次毛；粗毛绵羊每年可剪两次，即春季4—5月剪一次毛，秋季9—10月再剪一次。剪毛的方法分为机械剪毛和手工剪毛两种。

①机械剪毛：准备好木制剪毛台或铺有帆布的地面，清理剪毛环境周围的尘土和杂物，保持剪毛环境清洁。机械剪毛前，针对细毛羊需先用手工羊毛剪剪去羊头部和尾部等质量较低的毛和粪毛，仔细收集和单独存放，然后再用机械剪毛剪去身体其他部位。

②手工剪毛：使用专用羊毛剪，剪毛前先将羊卧倒保定好，头部稍高一点，切勿前低后高。先从大腿部分开始向前成直线剪开，然后依次顺这条线平行剪过去，并将头部毛全部剪光，再剪背部的毛，一侧剪完后，再剪对侧的毛。剪下的毛，尖向内，毛根朝外，然后向前卷成一捆装入袋内保存。

（二）肉用羊饲养管理

1. 育肥方式

分为放牧育肥、舍饲育肥和混合育肥三种方式。

2. 育肥用羊挑选

主要选用引进肉用良种与地方良种的杂交一代、二代作为育肥对象。侧重选择6月龄以前健康的羔羊进行育肥。

3. 羔羊育肥

（1）育肥期及育肥强度的确定

肥羔生产：羔羊从2～4月龄开始育肥，育肥期为50～60天，羔羊长到4～6月龄时，体重可达成年羊的50%以上。即可出栏上市。

（2）羔羊育肥期的饲养管理　育肥期可分预饲期、育肥前期和育肥后期三个阶段。

①预饲期：预饲期应完成对羊只的健康检查、防疫、驱虫、去势、称重、健胃、分群、饲料过渡等工作。一般为10～15天。

②育肥前期：主要是按饲养标准配合育肥日粮，进行投喂，定期称重，了解生长发育情况。育肥前期大约需要30天；精粗料比为60：40；粗饲料由优质青干草、青贮和作物秸秆等组成，每日饲喂2～3次，发现某些羔羊啃食圈栏时，应在运动场内增设舔砖。

③育肥后期：育肥时间大约需要30天，精粗料比为70：30，谷物类饲料都可用来育肥羔羊，最好是高能量饲料。

4. 成年羊育肥

对于淘汰的老、弱、乏、瘦或已失去繁殖机能的羊均可进行成年羊育肥。由于这类羊年龄较大、产肉率低、肉质差。因此，经过育肥可增加肌肉之间脂肪量，脂肪量增多则肉质变香变嫩。育肥前要进行驱虫和健胃，日喂精料约0.7kg，育肥50天即可出栏。平均日增重250g左右。一般精料配方为：玉米60%、脱毒麻渣15%、麸皮10%、豆饼10%、骨粉1%、食盐1%、预混料3%。

（三）山羊饲养管理

1. 奶山羊饲养管理

奶山羊的泌乳期一般为10个月，约300天。母羊胎次不同，产乳量不同，且变化有一定的规律，一般以第三胎次的产乳量最高，第一胎次为第三胎次产乳量的80%，第二～四胎次为95%，第五胎次为90%，以后逐渐下降。同一泌乳期的不同阶段，产乳量也有明显差别。在泌乳初期（产羔前40天），乳量不断上升，产后40～120天为泌乳盛期，产后120～210天为泌乳中期，产后210天至干乳为泌乳后期，然后进行干乳期。

奶山羊的挤乳工作技术要求高，劳动强度大。工作流程为：挤乳羊的保定→擦洗和按摩乳房→正确挤乳→过滤和消毒→清洁卫生。

2. 绒山羊饲养管理

（1）饲养　绒山羊的饲料主要可分为青绿饲料、粗饲料、精饲料和青贮饲料。羔羊出生后要确保其尽早吃到初乳；10日龄开始进行采食草料的训练；1～2月龄逐渐转变为以采食为主，适量哺乳；3～4月龄，增加精饲料喂量；4月龄前断乳，将母仔分开饲养；5～18月龄按育成羊进行饲养。

（2）管理　2～5岁适繁母羊比例在整个羊群中达到65%～70%以上。每年定时为羊群驱虫，圈养时要预防拉稀、口炎、流泪、流涕、咳嗽、前胃弛缓等疾病。

（3）抓绒　从山羊体上抓取下来的细绒毛叫做山羊绒，简称羊绒。羊绒有白、青、紫、红四种颜色，白色羊绒可以染织成各种色织品，称为上等品，价值很高。抓绒要适时得法，掌握要领，才能抓到高质量的羊绒。还要注意抓绒前要将羊只禁食12h以上。妊娠母羊抓绒时，捉捕和保定时要谨慎，防止流产。抓绒后需按不同的色别、质量分别包装，存放在干燥而通风的地方。

二、问题探究

1. 按育成羊生长发育特点怎样进行饲养管理？
2. 移动式药浴洗羊机有什么优点？

三、资源链接

羊绒贮存方法
图解

任务实施

规避风险提示

按规程进行药浴和剪毛。

一、毛用羊生产

1. 种羊饲养管理操作

配图	操作步骤		操作方法
精料配方：玉米58%，豆粕25%，麦麸12%，小苏打1%，预混料4%。 配种期间：精料1.5～3.0kg；鸡蛋1个； 优质干草不限 胡萝卜0.5～1.0kg。	种公羊饲养管理操作	繁殖期间舍饲饲料配方设计	采精频率：1.5岁1～2次/天；成年3～4次/天，间隔时间15min以上
精料配方：玉米58%，豆粕25%，麦麸12%，小苏打1%，预混料4%。 非配种期间：精料0.8～1.2kg； 优质干草2～2.5kg； 多汁饲料1.0～1.5kg。		非配种期间舍饲饲料配方设计	常年放牧：每日补混合精料500g，干草2kg，胡萝卜0.5kg，食盐10g，每日饲喂2～3次，饮水1～2次
	繁殖母羊饲养管理操作	空怀期饲养管理	短期优饲，放牧后回舍补饲0.2～0.3kg混合精料
		妊娠期饲养管理操作	妊娠前期：与空怀期饲养相同。 妊娠后期：除放牧外，每天补饲野干草0.5～1.0kg，青贮料1kg，精料0.5～1.0kg
		哺乳期饲养管理操作	哺乳前期：产单羔补精料0.3～0.5kg，野干草1.0kg，多汁饲料1.5kg；产双羔母羊每天补精料0.4～0.6kg，野干草1kg，多汁饲料1.5kg。 哺乳后期：每日每天供给野干草1～1.5kg，青贮料1kg，胡萝卜0.5kg，混合精料0.5～1kg

配图	操作步骤		操作方法
	羊放牧管理操作	放牧方式	固定放牧：指羊群一年四季在某个区域内自由放牧采食。 围栏放牧：根据地形把放牧场圈围起来，在一个围栏内，根据牧草茂密程度来安排一定数量的羊只放牧。 季节轮牧：按四季牧场情况划分若干个放牧小区，按季节轮流放牧。 划区轮牧：将牧地划分为若干个小区，羊群按一定的顺序在小区内轮回放牧
		放牧队形	“一条鞭”队形：适用于地势平坦开阔、植被比较均匀的中等牧场
			“满天星”队形：适用于任何地形和草原类型的放牧地

2. 体外驱虫过程

配图	操作步骤		操作方法
	药液配制		按生石灰7.5kg、硫黄粉末12.5kg、水150kg的比例配制药液。配制时搅拌成糊状后用铁锅煮沸，边煮边用木棒搅拌，待溶液呈浓茶色时倒入木桶或水缸中，待澄清后去掉下面的沉渣，上清液即为母液。将母液兑上500kg温水搅匀即为药浴的药液
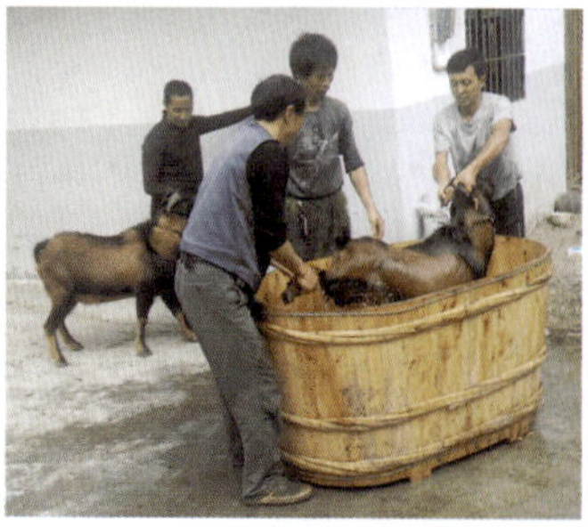	药浴方法	盆浴	将羊浸泡在溶解的药液中2～3min或者让羊的头部和身体分别浸泡2～3min。具体操作时，一人抓住羊的前肢，另一人抓住羊的后肢，让羊的腹部向上，在盆中浸泡2～3min后提出来。然后捏住羊的口耳鼻，将羊的头部快速浸泡2～3次，每次1～2s即可

配图	操作步骤		操作方法
	药浴方法	池浴	药浴温度控制在25～30℃，药浴时饲养人员和兽医用带叉木棒在药浴池两旁控制羊群缓慢行走，并控制羊的头部抬起不要浸入药液内。但当羊接近出口处时，将羊头部压入药液内1～2次，以防治头部寄生虫病。羊群在药浴池内的时间为2～3min，在滴流药液台停留20min后放出
		淋浴	将羊赶入淋浴场，开动水泵喷淋，每只羊喷淋2～3min，确保羊的身体全身淋透，适合大型羊场
		移动式药浴洗羊机	车载移动式药浴洗羊机，每次洗羊10只左右，适合小型羊场

3. 手工剪毛操作

（1）准备工作　剪毛前12h停止羊只饮水和放牧。实际生产中，设专门羊舍，羊的密度要大，以利抓羊；场地要打扫干净，剪毛时最好铺上苇席或木板；准备软轴式羊毛剪、剪毛剪、实习用羊、标记颜料、台秤、常用药品。

（2）剪毛操作步骤

①剪毛操作者将羊放倒，腹部朝上，并将羊的右后腿夹在右腿关节中之后，呈下蹲姿势。从羊腹部右侧前后腿之间开剪，依次向左侧剪完腹部毛，剪公羊包皮附近毛时要特别小心，需横向推进，母羊乳房后部的毛也应在此时剪掉，为了避免剪掉或剪伤乳头要用左手手指扭在乳头后剪毛。

②翻转羊呈右侧卧状态。剪毛手左手拉羊左后腿，呈半蹲姿势，剪羊左后腿外部毛和左侧毛。

③用右膝轻压在羊后腿上部，左手拉住羊左前腿，依次剪去左侧、前腿和左肩的毛。要求剪过脊椎骨。

④剪毛操作者上身向前倾，左手按直羊头。剪掉羊左颈毛和面部毛。

⑤剪毛操作者右膝轻压住羊左腿上侧部，左手抬起羊头，剪掉羊头部毛。

⑥左手将羊头拉向剪毛操作者右小腿使羊颈右侧皮肤拉紧，剪掉羊颈右侧的毛。

⑦剪毛操作者的腿移到羊背部，两腿呈左右夹羊姿势。左手握住羊下颚用力拉起，把羊头按在两膝上。剪羊颈下垂部右侧毛，此后把羊头推到两腿后，用两腿夹住羊的脖子剪胸部右侧毛。

⑧剪毛操作者后退，羊头仍被两腿夹住，将头拉起，使羊右臀部着地，呈半坐姿势，左手拉紧羊右侧皮肤，依次剪去右侧腰部毛和右后腿外部毛。

⑨最后将羊挂起，被毛呈一整张。

二、肉用羊生产

配图	操作内容	操作方法
	育肥方式	放牧育肥：把育肥的羊群赶到牧区草场让它们自由采食，从而达到增膘长肉的目的
		舍饲育肥：将育肥的羊群放在羊舍内人工喂养，使羊的增重速度加快，实现短时间育肥获利的目标
		混合育肥：即半放牧半舍饲育肥。吸收放牧和舍饲的各自优点，把放牧与人工补饲相结合，在节约养殖成本的同时，还能使羊较快地增重

配图	操作内容	操作方法
	羔羊育肥	肥羔生产：4~6月龄前的羔羊，体重达成年羊约50%时出栏上市。 羔羊肉生产：体重达25kg开始育肥，育肥期约60天出栏上市
	成年羊育肥	筛选羊只：老、弱、乏、瘦及失去繁殖机能的羊。 育肥方法：驱虫健胃后，育肥约50天出栏上市

三、山羊生产

配图	操作步骤	操作方法
	奶山羊饲养管理操作	泌乳初期：产后5~6天，喂优质嫩干草为主；6天后，增加精料和青贮、多汁饲料的喂量；15~20天喂给正常饲料及喂量。 泌乳盛期：产后40~120天，供给优质日粮，给予按体重计1%~1.5%的优质干草，增喂50~80g精料。 泌乳中期：产后120~210天，多喂青绿多汁饲料，供水充足。 泌乳后期：产后210天至干乳，减少精料和挤乳次数。 干乳期：干乳前40天，体重约50kg的羊，每天喂优质豆科干草1kg，玉米青贮料2kg，混合精料0.5kg；干乳后混合精料增加0.6~0.7kg
	奶山羊挤乳操作	挤乳羊保定：在挤乳台上，用颈枷保定。 乳房擦洗与按摩：用清洁毛巾浸入40℃温水中，擦洗乳房2~3遍。按摩3~4次。 挤乳操作：以拳握法为例，每天挤2~3次

配图	操作步骤	操作方法
	绒山羊饲养管理操作	饲料准备：青绿饲料、精饲料、精饲料。 饲喂操作：10日龄开始训食干草，每天补喂精料50～100g。 适量哺乳：1～2月龄以后，使其逐渐转变为以采食为主，适量哺乳，每天2次饲喂，补饲150g精饲料；3～4月龄，每天2～3次饲喂，补饲200g精饲料；4月龄前断乳，将母仔分开饲养，补喂盐、硒、微量元素等。 育成期饲养：5～18月龄为育成羊。育成前期（5～8月龄）要给予0.5kg左右的优质干草或胡萝卜等多汁饲料，每只每天饲喂精料0.2～0.5kg。9～18月龄生长强度逐渐降低，开始饲喂大量牧草和其他粗饲料，每只每天饲喂优质干草或秸秆0.7～1.0kg，补饲精饲料为0.2～0.4kg
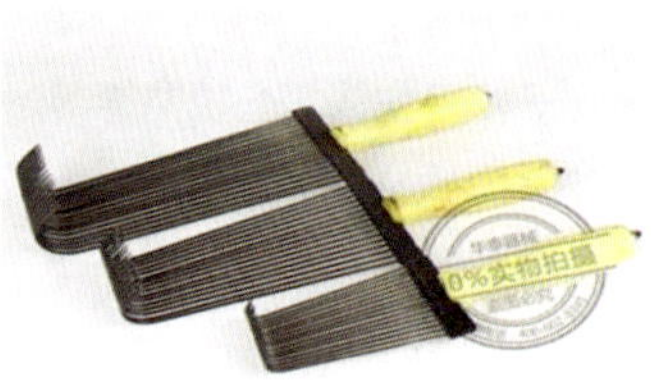	绒山羊抓绒操作	抓绒的时间：多选于4月末至5月初进行，间隔15天进行第二次抓绒，抓绒完成后剪去长毛
		抓绒的工具：密梳（由直径0.3cm钢丝12～14根组成，梳齿间距为0.5～1.0cm）和稀梳（由7～8根钢丝组成，梳齿间距为2～2.5cm。梳齿的顶端要磨成钝圆形）
		抓绒的方法：把羊捉捕后，先用稀梳，按顺毛方向由颈、肩、胸、背、腰及臀部，自上而下将羊身上的碎草、粪便等杂物梳掉，再用绳子将羊的两前腿及一后腿捆在一起，放倒在干燥而洁净的地方（最好在室内），然后用密梳开始抓绒。其方向及顺序与前面相反。方向是逆毛抓梳，顺序依次为臀、腰、背、胸及肩颈部。抓绒时梳子要贴近皮肤，用力要均匀，不要用力过猛，以免抓伤羊皮肤。每抓几下，必须把梳子上的羊绒按向梳子底端，羊绒上满梳子时，用手沾少许水轻轻地涂在梳背上，用力左右拉几下便可将羊绒从梳子上卸下来，并使之形成一个羊绒团

学业评价

“按规程进行羊的饲养管理操作”学业考核评价表

专业班级：　　　　姓名：　　　　考核时间：

评价方式	考核内容		评分标准	配分	得分	备注
自我评价（15%）	必备知识	毛用羊饲养管理	掌握种公羊饲养管理操作要点，计1分；掌握种母羊饲养管理操作要点，计1分；熟悉放牧管理要点，计1分；掌握体外驱虫的时间和方法及注意事项，计2分；掌握剪毛技术的次数和方法，计2分	7		通过学银在线进行自我评价

续表

评价方式	考核内容		评分标准	配分	得分	备注
自我评价（15%）	必备知识	肉用羊饲养管理	了解育肥方式，计1分；掌握育肥母羊挑选内容，计1分；熟悉羔羊育肥期饲养管理要点，计1分；掌握成年羊育肥方法，计1分	4		通过学银在线进行自我评价
		山羊饲养管理	了解奶山羊饲养管理要点，计2分，熟悉绒山羊饲养管理要点，计2分	4		
教师学业评价（50%）	任务实施	毛用羊生产	能参与毛用羊饲养管理操作劳动，计5分；会进行体外驱虫所需药液配制，计2分；能对羊进行药浴（方法之一），计3分；能手工进行局部剪毛操作，计5分	15		按任务达成程度进行评价
		肉用羊生产	会设计育肥方案，计5分；能参与羔羊育肥过程，计5分；能参与成年羊育肥过程，计5分	15		
		山羊生产	能进行奶山羊饲养管理操作，计10分；能进行绒山羊饲养管理操作，计10分	20		
学生互评（35%）	学习过程考核	课前	参加学习资源准备，计5分；完成预习任务，计5分；参与课前讨论，计5分	15		组间互评
		课中	严格遵守课堂纪律，计2分；有秩序地实施任务，并按时完成，计3分；积极参加问题探究，计2分；提出有意义的问题，计3分；完成小组分配的任务，计2分；在线抢答问题且答案正确，计3分	15		组间互评
		课后	能将清洁剪毛现场，计1分；能打扫好羊药浴后的卫生，计1分；能完成课后拓展内容，计3分	5		组间互评
总计				100		—

注：90分及以上为优秀等级；75～89分为良好等级；60～74分为合格等级；60分以下为不合格。

课后拓展

- 查询羔皮和裘皮的特点，并传至学银在线平台的作业栏中。
- 写出羔皮与裘皮品质鉴定方法，并传至学银在线平台的作业栏中。

羔皮与裘皮品质鉴定方法

自测练习

1. 剪毛的方法分为________和________两种。
2. 毛用羊药浴的方法有________、________、________、________。
3. 肉用羊的育方式有________、________、________。
4. 按经济用途将山羊分为________山羊和________山羊。
5. 奶山羊的泌乳期常分为________、________、________、________和干乳期。

附录一　学情分析表

专业班级		姓名		分析时间	
课程名称		任务名称		小组人数	
学习本课的目标					
课前准备预习情况					
预习中存在的问题					
此任务学习是否有兴趣					
是否乐意参加任务型学习活动					
对教师教学有何建议					

附录二　问题探究参考答案

问题探究参考
答案

参考文献

[1] 李嘉. 动物生产 [M]. 武汉：华中科技大学出版社，2022.

[2] 郭宗义，王金勇. 现代实用养猪技术大全 [M]. 北京：化学工业出版社，2010.

[3] 李立山. 猪生产 [M]. 北京：中国农业出版社，2011.

[4] 耿明杰. 动物繁殖技术 [M]. 北京：中国农业出版社，2012

[5] 朱兴贵. 养猪与猪病防治 [M]. 北京：中国轻工业出版社，2014.

[6] 刘小明. 猪生产 [M]. 武汉：华中科技大学出版社，2016.

[7] 金大春. 低碳高效生态养猪 [M]. 北京：中国农业出版社，2011.

[8] 马君. 猪生产 [M]. 哈尔滨：黑龙江大学出版社，2020.

[9] 闫明伟，邓双义. 牛生产 [M]. 北京：中国农业出版社，2021.

[10] 刘全. 奶牛精准化养殖与最新繁育技术 [M]. 沈阳：辽宁科学技术出版社，2022.

[11] 李艳玲，林淼，丁健. 优质牛肉生产与品质评鉴 [M]. 北京：中国农业科学技术出版社，2022.

[12] 李信涛. 养羊与羊病防治 [M]. 长春：吉林人民出版社，2014.

[13] 周玉香. 高效养殖羊一本通 [M]. 北京：化学工业出版社，2021.

[14] 田可川. 绒毛用羊生产学 [M]. 北京：中国农业出版社，2015.

[15] 杨菲菲，熊家军. 怎样提高母羊繁殖效益 [M]. 北京：机械工业出版社，2022.